果树嫁接50法图解

GUOSHU JIAJIE
50 FA TUJIE

于新刚 编著

化学工业出版社

·北京·

图书在版编目（CIP）数据

果树嫁接 50 法图解/于新刚编著. —北京：化学
工业出版社，2015.6（2023.4 重印）
ISBN 978-7-122-23881-8

Ⅰ.①果… Ⅱ.①于… Ⅲ.①果树-嫁接-图解
Ⅳ.①S660.4-64

中国版本图书馆 CIP 数据核字（2015）第 093818 号

责任编辑：张林爽　　　　　　　　装帧设计：孙远博
责任校对：宋　玮

出版发行　化学工业出版社
　　　　　（北京市东城区青年湖南街 13 号　邮政编码 100011）
印　　装　北京七彩京通数码快印有限公司
850mm×1168mm　1/32　印张 6　字数 124 千字
2023 年 4 月北京第 1 版第 13 次印刷

购书咨询：010-64518888
售后服务：010-64518899
网　　址：http://www.cip.com.cn
凡购买本书，如有缺损质量问题，本社销售中心负责调换。

定　　价：22.00 元

前　　言

　　嫁接就是人为地将一株植物上的枝条或芽等组织，接到另一株植物的枝、干或根等适当的部位上，使之愈合生长在一起，形成一个新的植株。

　　嫁接技术为我国首创。据考证，嫁接在我国有 2000 多年的应用历史。公元前一世纪，我国农学家氾胜之所著《氾胜之书》中，就有用嫁接方法生产大瓠的详细记载。北魏贾思勰的《齐民要术》对果树嫁接中砧木、接穗的选择，嫁接的时期以及如何保证嫁接成活和影响因素等就有细致描述，较欧洲一些国家关于果树嫁接的详细记载要早 1000 年左右。

　　嫁接具有方便、快捷、成活率高等优点，是目前果树苗木生产中广泛应用的方法，通过嫁接可以大量繁育性状基本一致的苗木，对果树生产意义重大。对于果树的优良品种可以通过嫁接大量繁育接穗，对果树优良品种的快速繁育、加快品种更新具有重要作用。果树通过嫁接不仅可以提高树体的抗性、促进树体矮化、实现早期丰产，而且可以充分利用野生资源，增加经济效益；在关键时刻挽救垂危大树、促进扦插成活、改良树体结构、提高授粉效果、消除亲和力障碍等方面都能彰显嫁接的独到之处。

　　在果树嫁接技术已获突飞猛进的今天，阅览前人所著的果树嫁接书籍，有文献记载的嫁接方法也不过 40 余种。本书在收集、整理我国及世界各国 44 种果树嫁接方法的基础上，加之作者本人独创的 6 种嫁接方法，共介绍了 50 种果树嫁接方法，并加以图解说明。本书语言简练，通俗易懂，对 50 种不同的果树嫁接方法和 65 种具体嫁接应用技术，在用文字详尽描述的基础上，对部分内容和关键的嫁接操作技术辅以 250 余幅清晰的图片，加以直观展示。

在本书的编写过程中，作者所在单位山东省莱西市职业中等专业学校以及化学工业出版社等单位对本书的编著、出版等工作，给予了大力支持和精心的指导，在此表示衷心地感谢。太原理工大学艺术学院 2011 级于海龙、王代、王超三位同学，利用业余时间对本书的图片进行了编辑设计；山东省莱西市职业中等专业学校科研处尉世俊、王高旭协助作者进行了大量的技术试验和数据整理；高级教师于良凯对本书进行了初审；中国果菜网高级编审吴绍学进行了版式设计，在此一并致谢。

因作者水平所限加之时间仓促，书中难免存在疏漏之处，恳请广大读者批评指正。

编著者
2015 年 4 月

目　　录

第一章 概述

一、果树嫁接的意义

（一）果树嫁接的概念

嫁接就是人为地将一株果树上的枝条或芽等组织，接到另一株果树的枝、干或根等适当的部位上，使之愈合生长在一起，形成一个新的植株。这个枝条或芽称为接穗，通常形成树冠；承受接穗的植株称为砧木，通常形成根系。

（二）果树嫁接的意义

1. 繁殖苗木及接穗

嫁接具有方便、快捷、成活率高等优点，是目前果树苗木生产中广泛应用的方法，通过嫁接可以大量繁育优良性状基本一致的苗木，对果树生产意义重大。对于果树的优良品种可以通过嫁接大量繁育接穗，对果树优良品种的快速繁育具有重要作用。

2. 增强树体的抗性

通过嫁接可以利用砧木的乔化性、矮化性等特性以及抗寒、耐涝、抗旱、耐盐碱和抗病虫等优点，增强嫁接品种的适应性、抗逆性，并增强或抑制果树的生长势，有利于扩大果树的适宜栽培范围和栽植密度。如北方地区葡萄用贝达为砧木，可以增加其抗寒能力；梨用杜梨为砧木可以增加其耐盐碱力等。

3. 加快品种更新

随着新的果树品种不断问世，果树品种需要不断更新，而重新定植新的苗木，费工费事，所需要的时间又较长。而用嫁接进行高接换头，翌年即可开花，仅仅需要2～3年的时间即可恢复原树产量，经济效益大。

4. 实现早期丰产

无论什么果树，只要用种子繁殖，结果都比较晚。桃、杏需要3～4年，苹果、梨需要5年，核桃、板栗需要更长的年限才可以结果。这是由于果树的种子播种后，需要度过一定时间的童期，才进入开花结果期。从结果树上采集接穗，桃、杏嫁接的翌年，苹果、西洋梨、白梨大多数品种嫁接的第三年，砂梨大多数品种、苹果有的品种如泰山早霞、红肉苹果等嫁接后翌年，即可结果，大大缩短了进入结果期所需时间，可以实现早期丰产，提高经济效益。

5. 促进树体矮化

为达到简化省工的栽培效果，就应使果树树体生长矮小、紧凑，便于机械化操作，便于实施人工授粉、套袋等管理，也有利于提高产量和品质。利用矮化砧木嫁接，是使树体矮化的重要技术措施。

6. 利用野生资源

我国各地都有丰富的果树野生资源，可以就地嫁接经济效益高的品种。如毛桃、山桃可以嫁接经济效益高的杏、油桃、李；山定子、海棠可以嫁接苹果；杜梨可以嫁接栽培品种梨；中国樱桃、酸樱桃可以嫁接欧洲甜樱桃；

软枣可以嫁接甜柿；山里红可以嫁接山楂；枳壳可以嫁接柑橘；小板栗、毛栗子可以嫁接大板栗；黑胡桃、核桃楸可以嫁接核桃；酸枣可以嫁接大枣等。

7. 挽救垂危大树

一些老树、大树的枝干，特别是根颈部位，受到病虫危害或兽害后，若不及时挽救，可能造成大树死亡。对此，可以利用桥接的方法，使上下树皮重新接通，从而挽救这些大树。

8. 促进扦插成活

有些优良葡萄品种，如黑色甜菜、藤稔等扦插难以生根，成活率低。培育这类苗木时，可以先将其枝条嫁接在容易生根的砧木上，沙藏后再扦插繁殖，可以大大提高其育苗成活率。

9. 改良树体结构

梨树等苗木定干后分枝较少，成龄后树体结构不是很理想，有的部位和方向缺枝。可以利用插皮腹接等枝接方法，在缺枝部位进行嫁接，改良树体结构。

10. 提高授粉效果

很多果树属于异花结实，需要不同品种进行异花授粉才能正常结果。但在实际生产中，许多果园建园时授粉品种配置不合理，致使产量低而不稳。可以在主栽品种上高接授粉品种，以改善授粉条件，提高产量和品质。

11. 消除亲和力障碍

榅桲是一种西洋梨的矮化砧木，但是有的西洋梨品种与榅桲嫁接亲和力差，嫁接不易成活。用故园、哈代等品种为中间过渡，嫁接在榅桲与西洋梨品种之间，成活率高，使榅桲矮化砧得以广泛的应用。

二、愈合及成活的原理

（一）形成层

形成层（图 1-1）是位于韧皮部和木质部之间的一个圆筒状的细胞层，是一群薄层的幼嫩细胞。这个生长旺盛的形成层处在一个非常理想的位置，它从外侧韧皮部筛管的食物流中吸收营养，从内侧木质部导管中吸取水分和矿物质，因而分裂旺盛，向内产生木质部，向外产生韧皮部，使树木不断加长、加粗。在嫁接中，砧木和接穗形成层之间的紧密连接是嫁接成活的关键。

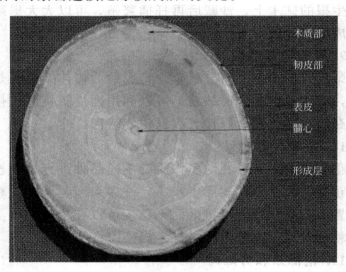

木质部

韧皮部

表皮

髓心

形成层

图 1-1 形成层位置

（二）愈合及成活原理

嫁接成活主要是砧木和接穗双方的形成层和薄壁组织

细胞一起分裂，形成愈伤组织，使砧木和接穗彼此长在一起。其过程是当接穗和砧木接合后，两者的伤口表面受伤细胞形成一层薄膜，覆被着伤口，以后薄膜下的受伤细胞受到削伤刺激，分泌愈伤激素，刺激细胞内原生质活泼生长，使形成层和薄壁组织细胞旺盛分裂，生长柔软细胞，形成愈伤组织（图1-2）。

愈伤组织

图1-2　愈伤组织

愈伤组织不断生长，填满砧木和接穗间的缝隙后，表面薄膜逐渐消失。由于砧木和接穗间的新生细胞紧密相连，才能使两者的营养物质由胞间连丝相互传导。输导组织临近的细胞也能分化成同型组织，产生出新的输导组织，这样砧木和接穗就相互连接，愈合成一个整体。这个过程在夏季需要10～15天，春季需要15～30天的时间。

砧木的根在土壤中吸收水分和矿质元素，沿木质部的导管上升，通过接合部输送到接穗，供给它制造营养物质；而接穗接受砧木输送的矿质原料转化为有机化合物，一方面满足自身生长需要，另一方面通过韧皮部的筛管向下输送，通过接合部到达砧木，供给根部用以生长发育，成为一株独立生活的新植株。

由此可见，形成层的活动对嫁接的愈合有着重要意义。嫁接愈合首先是砧木、接穗形成层的密接，其次是两者输导组织的形成。但是嫁接愈合成活的条件因树种的不同而有难易，凡是易产生愈伤组织的树种，嫁接就易成活。春季枝接时，苹果、梨等易产生愈伤组织，因此嫁接也易成活；而桃、大樱桃、杏、李等春季枝接成活率就稍低。含有单宁物质的核桃、柿等，以及髓部较大的核桃、葡萄等，愈合较为困难，所以春季枝接的成活率就不如苹果、梨等树种高。

形成层活动形成愈伤组织的能力与枝条的木质化程度也有一定的关系。如桃、大樱桃、杏、李、核桃、葡萄等春季枝接不易成活的树种，夏季芽接则成活率很高。

据观察，砧木与接穗结合后，尽管接合部的细胞群可以既包括砧木的，也包括接穗的，但砧木与接穗的细胞并没有真正的融合，而只是砧木与接穗细胞穿插结合。木质部成分横过接合线，排成连续的纵行，它们之间的结合仅仅是两种组织的交织和嵌合。

三、影响嫁接成活的因子

（一）亲和力

亲和力是指砧木与接穗经嫁接能愈合成活并正常生长发育的能力。具体是指砧木和接穗两者在内部组织结构、生理和遗传性上彼此相同或相近，从而相互结合在一起生长、发育的能力。所以，亲和力是影响嫁接成活最基本的因素。任何一个树种，不论采取哪种嫁接方法，不管在什么条件下，砧木与接穗之间都必须具备一定的亲和力才能嫁接成活。亲和力高，则嫁接成活率高；亲和力低，则嫁接成活率低；不亲和，则难以嫁接成活。嫁接亲和力根据其亲和表现有以下几种情况。

1. 亲和力强

嫁接后，接穗正常生长发育，接口愈合很好，经几年后只有根据砧木与接穗表皮结构和颜色的不同才能看出愈合的地方。砧木与接穗粗细一致，愈合点通常不形成树瘤。从树干解剖上看结合部，嫁接最初 2～3 年，年轮配置有错乱，以后很快趋于整齐。嫁接树体一般寿命较长。

2. 不亲和或亲和力低

（1）伤口愈合不良　嫁接后，不能愈合或愈合能力差，成活率低；或有的虽能愈合，但接芽不萌发；或虽能愈合，接芽也能萌发，但接口处有疙瘩，输导组织不畅通；或愈合的牢固性差，以后易断裂。

（2）生长结果不正常　嫁接后，叶片黄化，叶片小而簇生，生长衰弱，甚至枯死；有的早期大量形成花芽，或果实发育不正常。

（3）大小脚现象　嫁接后，砧木与接穗接口上下生长不协调，有的大脚（图 1-3），有的小脚（图 1-4），也有的呈环缢现象。

（4）后期不亲和　嫁接后，接口一般愈合良好，生长正常，但以后陆续出现生长衰退的现象。具体表现为接合部出现瘤子，或接合部上下极不一致，并提前开花结果，生长迅速下降，以致死亡。后期不亲和现象，多表现在同科不同属或同属不同种之间的嫁接。这种嫁接当时成活率很高，但以后衰弱以至死亡。如用梨为砧木嫁接苹果，第

图 1-3　大脚现象

图 1-4　小脚现象

一年生长很好，第二年出现严重小脚现象，生长量显著减退。

（二）砧木接穗地理分布距离

有些试验表明，砧木与接穗在亲缘关系相似的情况下，地理分布接近的比距离远的亲和力高。如软枣在北方是嫁接柿子的良好砧木，山毛桃在黄河流域是嫁接桃树的良好砧木；但将软枣种在南方，将山毛桃种在长江流域，再用软枣嫁接柿子，用山毛桃嫁接桃树，则成活率降低。枫杨在我国嫁接核桃成活率很高，但引种到美国和很多核桃品种不亲和，这主要是由于适宜性的影响，也可能是不同地理分布的树木生理、生化也有所不同，因而影响了嫁接成活率。

（三）砧木与接穗的生活力和生理特性

春季嫁接时，砧木与接穗发育充实，贮存营养物质多时，嫁接后容易成活。所以，嫁接时砧木要选择生长健壮、适宜本地环境条件、根系发育良好且有一定抗性的种类，接穗也要从健壮、无病虫害的母树外围采取组织发育充实、芽眼饱满的枝条。夏季嫁接，本书作者总结近30年的经验认为：砧木木质化，接穗半木质化，成活率最低；砧木木质化，接穗木质化，成活率一般；砧木半木质化，接穗半木质化，成活率较高；砧木半木质化，接穗木质化，成活率最高。

接穗与砧木的生活力是愈伤组织生长乃至嫁接成活的内因。一般地讲，砧木由于具有根系，本身是一个独立的单株，具有较强的生活力。接穗由于脱离母树，往往需要经过较长时间的运输和贮藏，很容易使生活力降低。新鲜或充实的枝条（发育枝）都具有较强的生活力，愈伤组织的生长量也较大。

另外，砧木与接穗的生理特性也影响着嫁接的成败。如砧木与接穗的根压不同，砧木根压高于接穗，生理正常；反之，则不能成活。这就可以解释有的组合正接容易成活、反接则不能成活的道理。本书作者经过多年试验发现，将红富士苹果嫁接在圆叶海棠上，愈合良好，生长健壮；而将圆叶海棠反接在红富士苹果上，即使当年嫁接成活，愈合处也有疤结，第二年后长势很弱，甚至死亡。

（四）嫁接的极性

砧木与接穗都有其形态学上的顶端与基端，嫁接时接穗的形态学基端应插入砧木的形态学顶端，这种正确的极性关系对保障嫁接成活及以后的正常生长是非常重要的。在特殊情况下，如桥接时将接穗的极性倒置，即将接穗的形态学顶端向下进行嫁接，接穗与砧木虽能愈合并存活一定时期，但接穗不能进行正常的加粗生长。嫁接时，若将接穗倒置，多数情况下不能成活。

（五）外界环境条件

1. 温度

嫁接后，砧、穗间形成层的活动和愈伤组织的形成，只有在一定的温度条件下才能进行。温度过高或过低，都会影响愈伤组织形成的速度，甚至完全不长出愈伤组织。不同树种，愈伤组织形成的最适宜温度也不同。据国内外资料介绍，各种树木愈伤组织形成所需要的温度与该树种萌发所需的温度呈正比。如物候期早的大樱桃，所需温度较物候期晚的柿要低。一般情况下，温度在 15℃ 以上时，愈伤组织生长很缓慢；在 15～20℃ 时，愈伤组织生长加快；在 20～30℃ 时，愈伤组织生长较快。大部分果树嫁接后，在 25～28℃ 时愈伤组织生长最快。

在生产实践中，检测各个树种嫁接最适宜的温度的方法是将同等粗度的接穗下端削成马耳形的削面，分别放在盛有湿土的烧杯中，每个烧杯放 3～5 个接穗，用玻璃盖严杯口，以防止湿土干燥，影响愈伤组织的生长。然后将烧杯分别放在 10℃、15℃、20℃、25℃、30℃、35℃、40℃ 七个恒温箱内。12 天以后，每穗上切 1cm 的愈伤组织称重，其中接穗所长愈伤组织平均重最大值的温度，即是嫁接成活最适宜的温度。一般在这个温度（气温）到来前进行嫁接，成活率最高。胶东地区有经验的果农，普遍认为大部分果树的春季嫁接，以砧木萌动期为最适宜。

因此，在春季嫁接时，尽量将接穗嫁接在向阳处，以利提高接口处的温度；而夏季嫁接时，应尽量把接穗嫁接在背阴处，以降低接口处的温度。

2. 湿度

湿度对于果树嫁接后愈伤组织的形成影响较大，一般夏季嫁接需要 10～15 天、春季嫁接需要 15～30 天的时间，接合部的愈伤组织才能填满砧、穗接合部的缝隙。在这段时间内，砧、穗还没有完全连接好，各自进行独立的代谢活动。这段时间，若空气、土壤的湿度过大或过小，都会影响嫁接成活率。若湿度过小，蒸发强烈，接穗的含水量降低，形成层细胞停止活动，而使接株枯死；若湿度过大，呈饱和状态，则造成土壤空气含量过低，易引起伤口腐烂，最终导致窒息而死。据试验，果桑嫁接时，接穗含水量在 50% 左右时，嫁接成活率最高；接穗含水量下降至 34% 以下时，嫁接不能成活。所以，接穗在运输和贮藏期间，一定要注意湿度，不能过干或过湿。

嫁接口也要保持一定的湿度，相对湿度达到 95% 以上，但不积水的状态下，有利于愈伤组织的产生。因此，嫁接时必须使嫁接口在湿润的环境条件下生长，嫁接后接口必须密闭不能透气，以防止水分的蒸发。

3. 空气

空气与愈伤组织的形成有密切关系，接口湿度过大，土壤含水量达到 50% 以上时，接口便不能长出愈伤组织。这是因为接穗组织缺乏空气，而失去生命力。砧、穗在切削后，接口在生长期间，需要进行强烈的代谢作用，呼吸作用明显增强。如果接口被水或湿泥包围，导致空气不足，代谢作用受到抑制，其结果是长不出愈伤组织。

生长期在雨水多时或清晨砧木上沾有露水时嫁接，接口积水，也影响嫁接成活率。实际上砧、穗愈合所需空气量并不是很多，一般用塑料膜或塑料条包扎，并不会完全隔绝空气，愈伤组织能正常生长。

4. 光照

光照对嫁接愈合关系很大。据观察，嫁接后在黑暗的条件下，愈伤组织生长速度很快（图 1-5），比在光照下条件生长要快 3 倍以上，呈乳白色，很嫩，砧木与接穗很容易愈合。

而在光照条件下，愈伤组织少而硬，呈浅绿色（图 1-6），不易愈合，要依靠接口内不透光部分的愈伤组织，因而使成活的机会和速度受到影响。在显微镜下观察，在黑暗条件下愈伤组织的细胞较大，排列疏松，处于分裂状态的细胞很多；而在光照条件下，愈伤组织细胞较小，排列紧密，处于分裂状态的细胞较少。如在高接有些树种时，用塑料膜包扎，再外套一层纸遮光，愈合快，成活率高。如在夏季芽接时，尽量将接穗嫁接在苗木的背阴处，也是提高成活率的技术措施之一。

需要说明的是，如果嫁接技术较好，枝接的砧、穗双

图 1-5　愈伤组织在黑暗条件下

图 1-6　愈伤组织在光照条件下

方伤口接合严密，连接部位基本处于黑暗状态；芽接的形成层接触面基本都处于黑暗状态。当然，如果嫁接时用黑色薄膜包扎，效果会更好，只是目前一般生产上所用的黑膜，基本上都属于回收塑料加工，耐拉力都不强，需要进一步改进。

5. 气象

在室外嫁接时，还要注意避开不良气候条件。如阴湿的低温天、大风天和雨雪天都不适宜嫁接，阴天、无风和湿度较大的天气最适宜进行嫁接。

（六）砧木与接穗的内含物与伤流

柿、核桃、板栗等树种的组织和器官中都含有较多的酚类物质，如单宁等。在嫁接操作过程中，切口处的细胞受到机械损伤，其内部的单宁物质遇到氧气，在多酚氧化酶的作用下发生氧化缩合反应，形成高分子的黑色缩合物，阻碍削面愈合。

核桃、葡萄、柿等树种在春季枝接时，常从砧木切口处不断流出树液，这叫伤流液（图1-7），影响嫁接成活。伤流液的成分不尽相同，一般含有糖类、氨基酸、酰胺、维生素及酚类物质。在砧木伤流液浓度较大的情况下，嫁接口长时间浸泡在伤流液中，湿度很大，不利于接合处细

图1-7 核桃伤流液

胞的呼吸，造成接口发黑或霉烂。同时单宁物质与构成原生质的蛋白质结合发生沉淀作用，使细胞内的原生质颗粒化，从而在接合面之间形成数层由这样的细胞所组成的隔离层，阻碍砧、穗双方的物质交流和愈合，降低成活率。

实际生产中，葡萄春季枝接应避开伤流期，在伤流期前或伤流期后进行嫁接；核桃最好在展叶期进行嫁接，并在嫁接口以下用锯或刀开口，放出伤流液，俗称放水；柿应在嫁接前 10 天距嫁接处留 8～10cm 平茬，并灌水，放出伤流液，使单宁等物质氧化，嫁接时再进行二次平茬，可以极大地提高嫁接成活率。

近几年新引进红肉苹果的枝条内含有花青素，枝条削面与普通苹果差异明显，与普通海棠或一般苹果品种嫁接时，或由于受花青素等因素的影响，成活率不是很高；而红肉苹果之间相互嫁接，则成活率很高。据本书作者试验，红肉苹果与小国光、脱毒嘎啦、脱毒烟富系列等有较高的嫁接成活率；与圆叶海棠亲和力较差，成活率很低；与八棱海棠、平邑甜茶等表现不是很稳定；与 M9 嫁接成活率虽高，但大脚病严重。

（七）操作技术

要求嫁接操作时具有熟练的嫁接技术，在正确的嫁接技术操作条件下，嫁接的速度越快，成活率也越高。具体嫁接操作时，务必做到以下几条（以春季枝接为例）。

1. 快速切削

砧木与接穗的切削操作要快速进行，不要犹豫不决、拖泥带水。

2. 削面光滑

所选用的嫁接刀、修枝剪、刀锯要锋利，砧、穗的削面要平滑，不起毛（图 1-8）。

图 1-8　削面平滑、不起毛

3. 快速插入

接穗要快速插入砧木，尽量缩短接穗在空气中的暴露时间。

4. 形成层齐

插入时，砧、穗的形成层一定要对齐（图 1-9），砧、

图 1-9　形成层对齐

穗削面宽度不一致的，务必使一侧形成层对齐。

5. 接触面大

砧、穗的接触面尽量要大（图 1-10），尤其对于核桃、柿、大樱桃、板栗等嫁接成活率稍低的树种，尽量加大砧、穗的接触面积，以增大成活的概率。

图 1-10　接触面大

6. 露白

枝接的接穗插入不能过深，要适当露白（图 1-11），接穗的切削面要露出砧木横切面 0.5cm 左右。这样处理，会使接穗伤口面的愈伤组织与砧木的愈伤组织相连接，伤口平滑，愈合牢固。如果不露白，接穗完全插入砧木，嫁接成活后会在接口下部长出疙瘩，砧木接口部分木质部死亡，愈合不牢固，以后易折断。

7. 绑缚快速严密

绑缚一定要快速、严密，务必使嫁接口不透水、不透气。春季枝接后，薄膜内有水珠出现为正常（图 1-12）；无水珠出现，则说明绑缚有缝隙，需要重新绑缚。

图 1-11　露白

图 1-12　薄膜内有水珠

（八）辅助技术措施

由于嫁接成活率主要决定于形成层的活动，国内外对能够促进形成层活动的技术进行相关研究。试验表明，用萘乙酸可以促进形成层的活动，使愈合过程加速，可以明显提高成活率。如苹果嫁接，将接穗末端用 500mg/kg 浓度的萘乙酸溶液浸泡 24 小时，对提高成活有显著的效果。

苹果、梨春季长梢枝接和多花芽嫁接，接穗采用蜡封处理的较对照，成活率可以提高 15％以上。

据保加利亚资料介绍，用 10％的蔗糖蒸馏水溶液处理核桃接穗的芽片，能明显提高嫁接成活率。

第二章　嫁接前的准备

一、嫁 接 时 期

判断嫁接的时期，对嫁接成活率非常关键；嫁接过早，气温低，砧木树液尚未流动，愈合慢，成活率低；嫁接过晚，砧木已经发芽，多数树种易出现伤流，成活率也低。实践表明，大多数果树树种在砧木萌动期进行嫁接，成活率较为稳定。若采用塑料膜全封闭包扎，或采用的接穗是蜡封的，嫁接时期可以适当提前 7～10 天。

（一）芽接时期

芽接时，要求接穗芽体发育充实，砧木生长达到嫁接粗度，一般粗度为 0.5～0.8cm；同时，砧、穗双方形成层处于分裂旺盛期。单就满足上述条件，适宜嫁接的时期很长，但具体操作时还要考虑接芽成活后当年是否萌发、当地气候条件和个别树种的特殊要求等。

在我国北方，芽接通常在春、夏、秋三个季节可以进行。春季芽接一般自 3 月中下旬开始，4 月上旬结束；夏季芽接自 5 月上旬开始，至 7 月中旬结束；秋季芽接自 8 月上中旬开始，至 9 月上旬结束。这些时间内，温度、湿度条件适宜，砧木、接穗内营养物质含量较高，砧木也达到一定的粗度，接穗芽体发育充实，因而嫁接成活率较高。嫁接过早，接芽发育差，砧木过细；嫁接过晚，砧、穗形成层细胞停止分裂，这两种情况均不利于嫁接成活。

芽接时期还与接芽成活后当年是否平茬、嫁接方式、树种特性等因素有关。若嫁接当年不平茬，接芽保持不萌发状态，则嫁接时期不宜过早，最早在 8 月中旬开始，但是嫁接过晚，一般果树树种在胶东地区晚于 9 月 10 日后，愈合很难，成活率明显降低。若嫁接后当年平茬，苗木当年出圃，嫁接时期越早越好，最晚不得晚于 6 月下旬。据本书作者多年生产实践发现，桃、杏、李、大樱桃等核果类和砂梨等停长早的树种，芽接时期晚于 6 月下旬，到秋季出圃时，达到一级苗的比例很低；若要提高一级苗比例，一般应于 6 月中旬，即胶东地区麦收前结束芽接。另一个限制嫁接时间的因素是流胶的问题，核果类应尽量在雨季到来之前结束芽接；核桃在 5 月下旬至 6 月上旬芽接，比其他时期芽接成活率要高很多。

（二）枝接时期

枝接一般在春季采用，适宜时期为砧木树液开始流动至新梢生长初期，时间自 3 月上中旬开始，至 4 月底结束，尤其以春分时节为最佳，这段时期所用的接穗必须保持未萌发状态。

绿枝嫁接一般在 5～7 月进行，砧木与接穗均处于半木质化状态，砧木过于老化，对成活率影响很大。葡萄等树种的绿枝嫁接在胶东地区不能晚于 7 月初；过晚则嫁接品种新梢于秋季达不到木质化应有的程度，霜降后此类葡萄苗木基本报废。

冬季也可以进行枝接，一般在室内进行，由于大多用根系为砧木，故又称根接。果树落叶后，接穗直接嫁接在一段果树的根系上，绑缚后，成捆，沙藏；翌年春季定植，当年可以出圃优质苗木。

二、砧 木 培 育

砧木是果树嫁接的基础，砧木质量对嫁接成活以及以后的生长发育、结果、寿命等有着深远的影响。因此，选择与接穗亲和力强、性状优良、适宜当地环境条件、生长健壮的砧木，对果树嫁接而言非常关键。

（一）砧木的选择

1. 优良砧木条件

与接穗亲和力强，具有良好的适应性、抗逆性和一定的抗病虫能力；有利于果树的生长发育和果实品质的提高；易于大量繁殖；具有调节树体长势的特殊性状，如抑制树体长势、使树体矮化，或促进树体长势、使树体乔化高大等。

2. 砧木类型的划分

依据繁殖方式，分为实生砧木和无性系砧木。实生砧木用种子繁殖，优点是来源广、繁殖容易；缺点是后代产生性状分离，嫁接苗建园后果园整齐度低。无性系砧木依据繁殖方式，又可分为自根砧和根蘖砧；原则上来源于同一母株上的无性系砧木嫁接苗具有建园整齐度高、产量稳定等优点；缺点是有的树种缺乏无性系砧木。依据砧木对树体生长的影响，可以分为乔化砧和矮化砧。依据砧木在树体中的位置，可以分为基砧和中间砧。依据砧木与接穗的植物学分类地位，可以分为共砧和非共砧。

（二）嫁接前砧木的处理

1. 去除小分枝

夏季芽接的砧木要在嫁接前的 10～15 天摘心，并将距离地面5～10cm的侧芽或小分枝抹掉，苗干上的叶片需要保留。

2. 施肥灌水

嫁接前7～10天，适当施肥灌水，促进砧木生长。核桃、葡萄及核果类果树春季嫁接前，不宜灌水，以免伤流过重或流胶。

3. 断根

核桃嫁接前断根，可以减少根系吸水，控制伤流。梨直播实生砧苗，主根过于发达，夏季宜于嫁接前15～20天前断根，增加侧根发育。

4. 高接大树处理

春季高接大树前，要在适宜嫁接的部位上预留出10～20cm平茬或锯断；嫁接时再重新进行第二次平茬。

三、接 穗 准 备

（一）接穗的采集

1. 接穗采集条件

应选择品种纯正、生长健壮、结果性状良好的结果树为采集接穗的母树。对母树要加强肥水管理和植保措施，保障树体生长健壮、无病虫害，尤其不可有属于检疫对象的病虫害和可以通过嫁接传播的病毒病；无病毒母树要架设防虫网，采取专用修枝剪，并在使用后及时消毒。采集接穗时，要选择树体外围、枝条发育充实、芽眼饱满、无病虫害的枝条为接穗。核果类果树如桃的接穗采集，还应注意查询是否喷布多效唑，以及检查是否流胶现象。接穗宜用芽眼饱满、枝条充实的发育枝，内膛枝、徒长枝、细弱枝、病虫枝、伤残枝等质量较差的枝条不能作为接穗采集。

2. 接穗采集时间

采集时间由于嫁接方法的不同而不同，夏季芽接或绿枝嫁接的接穗要求在嫁接前 1～2 天或在嫁接前现取现用。春季枝接的接穗要结合冬季修剪采集，粗度一般限定在 0.5～0.8cm，大多数果树基本都采用一年生枝。采集时间为冬季落叶后至翌年萌发前 2～3 周的休眠期。接穗采集后，按品种做好标记，防止品种混杂。

3. 接穗采集后处理

夏秋季芽接使用的接穗采集后，要及时将叶片去掉，保留叶柄（图 2-1），新梢上部发育不充实的幼嫩部分也要去除。按照数十根一捆，用布条或塑料条捆好备用。

图 2-1　接穗保留叶柄

（二）接穗的保存

夏季嫁接时，用湿麻布或湿毛巾将接穗包好，两端要透气，存放于阴凉处备用，期间要随时查看水分情况，及时喷水，保持一定的湿度。或将接穗直接竖立于水桶或水盆中，下端保持有 5～6cm 深的水，每天换水，自来水不宜使用，应用洁净的河、湖水或井水。无论是用湿布保存还是用浸水法保存，都不可以存放太长的时间，最多可以存放 4～5 天。夏季要将接穗存放较长的时间，就必须用湿麻布或保鲜膜包严，存放于冷藏柜中，温度控制在 0℃以上、4～5℃以下，这样可以存放 20 天左右。

春季枝接的接穗保存时，要将接穗捆扎好，下端码齐，用湿沙埋在背阴处，贮藏期间的温度一般以 0～5℃为宜。所用湿沙的湿度以手握成团不滴水、手松即散为宜，并按时检查湿度情况，防止水分过干引起抽条。硬枝接穗的具体贮藏方式分为窖藏、沟藏和冷库贮藏。

1. 窖藏

将接穗存放在低温地窖中。北方有贮藏甘薯和大姜的地窖，也可以用来贮藏接穗。在地窖中将接穗按照一层湿沙一层接穗来放置，若地窖湿度较大，接穗不用完全埋起来；若湿度较小，则需接穗完全埋起来。

2. 沟藏

在土壤封冻前，挖一个深 60～70cm、宽 80～100cm 的沟，长度视接穗数量的多少而定。沟底铺厚约 10cm 左右的湿沙，接穗捆成小捆，挂好标签，斜放入沟内，一层接穗一层湿沙，接穗顶端微微露出，用草帘覆盖。封冻后用塑料纸密封保湿，周边用土压严，防止雨雪水渗入。春季解冻后，将塑料纸撤走，防止接穗由于高温而导致霉烂。

3. 冷库贮藏

具体做法是，将枝条捆扎好，下端码齐并用湿锯末包好（只将枝条的下端 8～10cm 包上湿锯末即可），放入保鲜膜袋中，将保鲜膜的袋口扎严，存放在 0～2℃的冷风库中，可以保存到春季用于枝接或夏季用于芽接。

（三）接穗的蜡封

春季枝接使用的硬枝接穗采取蜡封措施，用蜡膜封闭接穗表面，可以有效地减少接穗水分的损失，促进嫁接成活。接穗蜡封具体方法分为三步：接穗剪段、熔化石蜡和蘸蜡。

1. 接穗剪段

将贮藏的接穗或刚采集的未萌动的接穗用净水冲洗表面尘土或沙粒，晾干。将接穗根据嫁接需要剪成长段，一般为 15～20cm。剪截时，注意剪口下第一芽的质量，要求芽体饱满、无机械损伤、无病虫害，剪口距离芽眼 0.5cm 以上。

2. 熔化石蜡

石蜡熔化时，可以根据条件采取直接加热、水浴法加热和水与石蜡共同加热等不同方法。石蜡熔化的关键是控制温度，最好控制在 95～105℃。温度过高，会烫死或烫伤接芽；温度过低，接穗上附着石蜡层过厚，嫁接时蜡层易破损；即使嫁接时无破损，蜡层在阳光照射后，也会开裂，失去蜡层保水作用。试验表明，将接穗置于 120℃ 的温度下 3 秒，接穗生命力不受影响。采取水浴法加热和水与石蜡共同加热，由于水温的限制，石蜡液的温度不会超过 100℃，而浸沾石蜡的过程也不会超过 1 秒。所以，担心石蜡液会烫死接穗接芽，是没有必要的。将石蜡盛入铁制容器后直接加热，是不科学的，不建议采用。一是加热过程中，石蜡的温度不易控制，温度过高易烫伤接芽；二是若加热时间过久，易引起火灾。

将工业用石蜡切成小块，放入铁罐中，再用一铁盆盛水，将装有石蜡的铁罐放入盛水的铁盆中，用柴火或电磁炉加热至石蜡熔化，此为水浴法加热（图 2-2）。

图 2-2　水浴法加热

　　水与石蜡共同加热的方法是，选一种较深的容器，可以用直径 20cm 左右、深度 25～30cm 的铝锅、不锈钢锅或铁锅，加入固体石蜡和水，水的数量约为蜡液数量的 1/3～1/2，置热源加热。当蜡液温度达到要求时，将熔蜡容器向热源一侧移动，使加热点及蜡液翻腾点靠近锅一侧的边缘，而在锅的另一侧形成平静的蜡面。蘸蜡时，在平静的蜡面一侧进行。

　　生产实践发现，在石蜡中加入 10％～30％ 的蜂蜡，用石蜡和蜂蜡的混合液蘸蜡，蜡膜的韧性可以明显增强。

　　3. 蘸蜡

　　手拿接穗，将接穗的一半浸入石蜡中，立即取出，再将另一端也浸入石蜡中，迅速取出，使整个接穗都蒙上一层均匀的石蜡层。蘸蜡后的接穗需要单独摆放，凉透后，方可集中，以免粘连在一起。

（四）接穗的质检

数量较多的接穗，尤其是经过长时间贮藏、运输和蜡封的接穗，都有可能受到不良因素的影响而使质量下降，嫁接前要对接穗的质量进行检查。夏季芽接或绿枝嫁接所用接穗贮藏后，在检查外观无明显皱皮失水后，还要剥皮检验。皮层不能剥离或将接穗皮层剥开后呈现褐色等现象的接穗，不可用于嫁接。春季硬枝嫁接所用接穗，可以采取直观判定法和愈伤组织鉴定法。

1. 直观判定法

鉴别贮藏接穗生活力的方法是将接穗切削后，皮色鲜亮无皱缩，形成层呈鲜绿色，系具有生活力。相反，皮色暗有褐色斑，形成层变褐或变白（褐色是贮藏时湿度过大，变白是贮藏时失水），系无生活力（图 2-3）。对于嫁接难以成活的树种，接穗的生活力的影响就更大一些。如核桃嫁接时，接穗粗壮的发育枝，愈伤组织的生长量大，成活率高；细弱枝愈伤组织生长量小，很难长出愈伤组织，成活率就低。

夏季芽接时，除鉴定接穗的生活力外，还要看形成层的活动能力。当接穗树皮容易剥离时，说明形成层的活力高，反之就稍低。形成层的活力高，嫁接成活率就高，反之则稍低。实际操作中，对于成活率不是很高的树种，如核桃、大樱桃等，一般将芽片削得稍大一些，这样本身营养要相对多一些，砧木与接穗的接触面也大一些，有利于提高嫁接成活率。

2. 愈伤组织鉴定法

嫁接前 15 天，抽取几根接穗样本剪成小段，下端剪成斜面。将剪好的接穗小段放在盛有湿纱布、湿锯末或疏

接穗失水　　　髓心变黑　　　保存良好

图 2-3　接穗质检

松湿土的容器内，保持湿度，置于 20～25℃ 的培养箱或室内。10 天后观察，若斜面形成层无愈伤组织生长，表明形成层细胞已失活，接穗不可使用。若斜面形成层愈伤组织生长，表明形成层细胞有活性，接穗可以使用。

四、嫁接工具准备

（一）芽接刀

芽接刀（图 2-4）主要用于春季、夏季、秋季的芽接。生产实践中表现较好的有瑞士菲尔科、瑞典百固、日本青鹤以及部分国产的芽接刀。许多果农用锋钢锯条自制的芽接刀，也很锋利且经济实惠。

（二）枝接刀

枝接刀（图 2-5）主要用于春季枝接和夏季绿枝嫁接。目前在山东的胶东地区，春季单芽切腹接不再使用枝接

图 2-4　芽接刀

刀，直接用修枝剪替代；但插皮接、插皮腹接等需要开口的嫁接方法，仍需使用枝接刀，无法用修枝剪取代。

图 2-5　枝接刀

（三）修枝剪

修枝剪（图 2-6）主要用于夏季采集接穗、去除叶柄、平茬等，以及在春季枝接和大树高接换头操作中使用。

（四）手锯

手锯（图 2-7）主要用于春季枝接或大树高接换头的

图 2-6　修枝剪

图 2-7　手锯

砧木平茬、开口、放水等。

（五）嫁接器

　　嫁接器（图 2-8）多为台湾产，主要用于冬季室内嫁接。一般在葡萄、苹果等嫁接容易成活的树种上使用，操作时三人一组，一人用修枝剪短截砧木和接穗，一人嫁接操作，一人绑缚，嫁接后沙藏，春季定植，嫁接效率较高。

图 2-8　嫁接器

（六）磨石

无论是嫁接刀还是嫁接用的修枝剪，都需要研磨。磨石分为粗磨石和油石，粗磨石用于开刃，油石主要用于精磨抛光。

五、嫁接材料准备

（一）绑缚材料

1. 塑料条

用厚度较薄的塑料，按照 1.2～1.5cm 的宽度裁剪成条（图 2-9），主要用于夏季芽接，山东莱州等地多在苹果嵌芽接上使用。优点是拉力大，不易断裂；缺点是接芽不能自行突破，需要解除绑缚。

2. 塑料膜条

用厚度为 0.008mm 的农用塑料薄膜，按照宽 4～4.5cm、长度 12～13cm 裁剪成条（图 2-10），主要用于夏

图 2-9　塑料条

季芽接，山东莱西、莱阳、海阳等地多在贴芽接中使用。优点是成本极低，接芽处若单层包扎，接芽能自行突破，不需要解除绑缚，节省解绑用工。

图 2-10　塑料膜条

3. 塑料膜卷

用厚度为 0.006～0.008mm 的农用塑料薄膜，按照宽7～8cm 裁剪成段（图 2-11）。实际生产中，可以用于大树高接或春季枝接苗木，使用时应用粗度为 0.5～0.7cm 的果树枝条卷成较细的小卷，以便于携带和操作。

图 2-11　塑料膜卷

4. 自粘胶带

最近几年，从日本进口一种自粘胶带（图 2-12）。优点是方便、快捷；缺点是成本较高。

图 2-12　自粘胶带

（二）绑缚方法

1. 芽接绑缚

通常有三种绑缚方法。一是用塑料条或塑料膜露芽绑缚，缠绕塑料条或塑料膜时避开芽眼，露芽绑缚，接芽愈合后，直接平茬，无需解绑，节省用工；二是用厚度0.008mm的塑料膜，接芽处单层包扎（图2-13），接芽愈合后，直接平茬，接芽自行突破塑料膜，无需解绑，节省用工；三是用塑料条或进口胶带全封闭包扎，塑料条包扎愈合后需要解绑，费工费时，目前在胶东夏季基本不采用此法，秋季芽接可以采用。进口胶带全封闭包扎一般自行脱落，无需解绑，只是造价稍高。

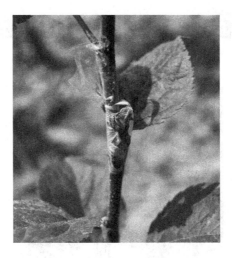

图 2-13　接芽处单层包扎

2. 枝接绑缚

春季枝接用厚度为 0.006～0.008mm 的农用塑料薄膜卷，芽眼处单层包扎，接芽会自行突破（图2-14）；若芽眼处多道缠绕，接芽无法自行突破。厚度为 0.004mm 的薄膜不能使用，易为风沙击碎，透水、透气。

葡萄进行绿枝嫁接时，只需绑缚接口及接穗的顶端（图2-15），接穗的其他部位无需包扎。

图 2-14　接芽自行突破

图 2-15　葡萄绿枝劈接绑缚

3. 高接绑缚

（1）连续包扎　高接时每个主枝连续多眼嫁接后，要用厚度 0.008mm 的地膜卷自基部开始连续包扎（图 2-16），芽眼处单层包扎，至顶端后多道缠绕、打结，防止扎口松开。据多年试验，用厚度 0.006mm 以下的地膜包扎，拉紧后薄膜变薄，接口处薄膜易为风沙击碎，密封效果不好；而厚度大于 0.01mm 的地膜，接芽不易自行突破；效果最为理想的是 0.006～0.008mm 的地膜。

图 2-16　高接后连续包扎

（2）单独套袋　对高接大树中直立、较粗、较长的砧木，为增加成活率，可以在包扎嫁接口后，再进行单独套袋保湿（图 2-17），效果更好。

4. 特殊绑缚

对于愈合较为困难的树种，为增加砧、穗接合面的愈合，可以在接口处用黑膜包扎，接穗采用蜡封或用白色塑料膜包扎。普通情况下不建议采用，主要原因是费工费时。

（三）石蜡及熔锅

工业用石蜡和熔化石蜡的锅、盆等，在蜡封接穗时使用。

图 2-17 高接后套袋

（四）接蜡

对于粗大砧木的插皮腹接以及桥接等接口，采用接蜡密封接口，有利于提高工效及嫁接成活率。

1. 固体接蜡

原料是松香 4 份、黄蜡 2 份、猪油（或植物油）1 份。先将猪油（或植物油）加热至开，再将松香、黄蜡倒入充分熔化，然后倒入冷水中凝固成块。应用前加热熔化。

2. 液体接蜡

原料是松香（或松脂）8 份、凡士林（或猪油）1 份。两者一同加热，待全部熔化后，稍微冷却，再放入酒精，数量以起泡沫但泡沫不过高、发出"滋"、"滋"的声音为宜，然后再注入一份松节油，最后再注入 2～3 份酒精，边注入边搅拌，即成液体石蜡。使用时，用毛笔蘸涂抹接口，见风即干，非常方便。

第三章 嫁接方法

一、"T"字形芽接

砧木开口呈"T"字形,故称"T"字形芽接。国内俗称热粘皮,日本称为盾形芽接。嫁接时,要求砧木和接穗形成层都处于活跃期,即木质部与韧皮部处于易剥离期。该法优点是简单易学,嫁接成活率高,愈合快,适宜嫁接时间长;缺点是操作速度稍慢,接穗利用率不高。

(一)切砧木

在砧木距地(或枝条基部)5~8cm处切一个"T"字形切口,深达木质部,用嫁接刀的尾部塑料片将"T"字形竖切口向两侧剥开(图3-1)。

图3-1 切砧木

（二）削接穗

先在接芽上方 0.5cm 处横切一刀（图 3-2），要求环枝条直径的 3/4，再在芽下方 1.5cm 处向上斜削一刀，深达木质部（图 3-3），取下盾状芽片（图 3-4）。

图 3-2　在接芽上方 0.5cm 处横切

图 3-3　在芽下方 1.5cm 处向上斜削

接芽从接穗枝条上剥离时，易出现维管束缺失（图 3-5）的问题；用这种维管束缺失的接芽进行嫁接，成活率降低。应该选用维管束完整的接芽（图 3-6）进行嫁接。

图 3-4 取下盾状芽片

维管束缺失

图 3-5 维管束缺失

（三）接合

将盾状芽片插入砧木"T"字形切口中，使接芽上的横切口与砧木的横切口对齐（图 3-7）。

（四）绑缚

绑缚用塑料条绑缚（图 3-8）。嫁接口下部砧木叶片不用摘除，但嫁接口以下萌发的新梢要及时去除。

维管束

图 3-6　维管束完整

图 3-7　接合

图 3-8　绑缚

二、倒"T"字形芽接

属于不常用的芽接方法，由于砧木开口呈倒"T"字形，故称倒"T"字形芽接。优点是嫁接后不易渗入雨水，效果良好；缺点是嫁接速度稍慢，接穗利用率不高。

（一）切砧木

"T"字形芽接砧木呈"T"字形切开，而倒"T"字形芽接的砧木开口则反之。在适宜嫁接的部位选一光滑面，先竖切一刀，再在第一刀的下端向左右两侧横切一刀，使砧木的开口呈"⊥"形，在竖切口处向左右两侧撬开皮层（图3-9）。

图3-9　切砧木

（二）削接穗

在接芽的下方0.5cm处横切一刀，要求环枝条直径的3/4，再在芽上方1.5cm处向下斜削一刀，深达木质部，取下盾状芽片（图3-10）。

图 3-10　削接穗

（三）接合

　　将芽片放入砧木的切口，接芽自下而上插入，使芽片下端与砧木横切口对齐（图 3-11）。

图 3-11　接合

（四）绑缚

同"T"字形芽接。

三、"十"字形芽接

属于不常用的芽接方法，由于砧木开口呈"十"字形，故称"十"字形芽接。优点是嫁接后接芽被包裹良好，愈合稍快；缺点是砧木开口时稍显麻烦，嫁接速度稍慢。

（一）切砧木

在适宜嫁接的部位选一光滑面，先竖切一刀，再在第一刀的中间位置横切一刀，使砧木的开口呈"十"字形，在"十"字形中心处撬开皮层（图3-12）。

图 3-12　切砧木

（二）削接穗

接芽与"T"字形芽接的削法一样，在接穗芽眼的上方 0.5cm 处横切一刀，要求环枝条直径的 3/4，再在芽下方 1.5cm 处向上斜削一刀，深达木质部，取下盾状芽片（图 3-13）。

图 3-13　削接穗

（三）接合

将芽片放入砧木的切口，接芽插入后，处于砧木"十"字开口的中心位置（图 3-14）。

图 3-14　接合

（四）绑缚

同"T"字形芽接。

四、"工"字形芽接

接穗芽眼削成方块形，砧木的切口呈"工"字形，故称"工"字形芽接。适宜于接穗与砧木较粗、砧穗接触面积小、不易成活的树种，如核桃等育苗嫁接。要求砧木、接穗都易剥离皮层时采用。核桃"工"字形芽接所用的砧木实生苗，早春将较高的砧木平茬，较矮的可以不平茬，5月底至6月上旬在当年生新梢上嫁接，接穗需采用当年的粗壮新梢，此时接穗的侧芽已经成熟。成活后剪去接口以上的砧木，当年即可成苗。

（一）切砧木

在砧木适宜的嫁接部位，先平行地横切两刀，两刀间隔的距离为 2cm，深达木质部。在两切口的中间，竖切一刀，切口呈"工"字形，并将皮层撬开（图 3-15）。

（二）削接穗

将叶柄自基部削平，在芽的上方 0.5cm 处横切一刀，深达木质部，在芽的下方 1.5cm 处横切一刀，深达木质部，在芽的左右两侧各竖切一刀，深达木质部，取下芽片（图 3-16）。

（三）接合

将接芽放入砧木的切口，如芽片与砧木切口大小一致，则将它们的切口对齐贴紧；如芽片稍小，则至少使芽片的底边与砧木相应的边对齐贴紧，合上砧木翘起的皮

图 3-15　切砧木

图 3-16　削接穗

层，芽眼处于切口的中心位置（图 3-17）。

（四）绑缚

同"T"字形芽接。

图 3-17　接合

五、钩形芽接

属于不常用的芽接方法，由于砧木开口呈钩形，故称钩形芽接。

（一）切砧木

在适宜嫁接的部位选一光滑面，先竖切一刀，再在第一刀的下端向左侧横切一刀，使砧木的开口呈"」"形，在拐口处撬开皮层（图 3-18）。

（二）削接穗

接芽与倒"T"字形芽接的削法一样，在接穗芽眼的下方 0.5cm 处横切一刀，要求环枝条直径的 3/4，再在芽上方 1.5cm 处向下斜削一刀，深达木质部，取下盾状芽片（图 3-19）。

图 3-18　切砧木

图 3-19　削接穗

（三）接合

将芽片放入砧木的切口，接芽自下而上插入，使芽片下端与砧木横切口对齐（图 3-20）。

图 3-20 接合

（四）绑缚

同"T"字形芽接。

六、新月形芽接

属于不常用的芽接方法，由于砧木开口呈新月形，故称新月形芽接。

（一）切砧木

在适宜嫁接的部位选一光滑面，呈弧形竖切一刀，使砧木的开口呈"）"形，在切口弧度突出处撬开皮层（图 3-21）。

（二）削接穗

接芽与倒"T"字形芽接的削法一样，在接芽的下方 0.5cm 处横切一刀，要求环枝条直径的 3/4，再在芽上方 1.5cm 处向下斜削一刀，深达木质部，取下盾状芽片

图 3-21　切砧木

（图 3-22）。

图 3-22　削接穗

（三）接合

接芽从一侧插入砧木切口（图 3-23）。

（四）绑缚

同"T"字形芽接。

图 3-23　接合

七、方块形芽接

接穗芽眼削成方块形，砧木的切口也削成方块形，故称方块形芽接。适宜于接穗与砧木较粗、砧穗接触面积小、不易成活的树种，如核桃等育苗嫁接。要求砧木、接穗都易剥离皮层时采用。优点是嫁接成活率高，当年可出圃；缺点是嫁接速度较慢。

（一）切砧木

在砧木适宜的嫁接部位，先平行地横切两刀，长约2cm 左右，深达木质部。在切口的两侧各竖切一刀，长度要超过原来的横切口，并将皮层撬开，剥离木质部，取下剥离的皮层（图 3-24）。

（二）削接穗

将叶柄自基部削平，在芽的上方 1cm 处横切一刀，深达木质部，按照砧木切口的大小，在芽的下方再横切一刀，

图 3-24　切砧木

深达木质部，在芽的左右两侧各竖切一刀，深达木质部，取下芽片（图 3-25）。

图 3-25　削接穗

（三）接合

将接芽放入砧木的切口，如芽片与砧木切口大小一致，则将切口对齐贴紧（图 3-26）；如芽片稍小，则至少使芽片的底边和一个边与砧木相应的边对齐贴紧。

图 3-26　接合

（四）绑缚

一般树种接芽要单层绑缚，核桃则要露芽绑缚（图 3-27）；其余部位可以多道缠绕。

图 3-27　绑缚

【附】

1. 改良方块形芽接①

在砧木半木质化时，选一光滑面靠上横切一刀，再在两侧向下纵向各切一刀，深达木质部，宽度与接穗芽片相同或略大于芽片的宽度，形状类似于"门"字。然后将皮向外翘起，用嫁接刀由下而上将皮削去，不伤及木质部，削去皮的长度要小于芽片的长度0.5cm。将接穗芽片放入，顶端和两侧（至少要一侧）对齐，下边插入砧木皮层（图3-28）。

图3-28　改良方块形芽接①

2. 改良方块形芽接②

在砧木嫁接部位各纵切一刀，宽度与接穗芽片宽度一致，长约3cm左右，然后在纵切刀口的上端和下端0.5cm各横切一刀，将砧木皮层剥离，不伤及木质部。将砧木接口上下皮层翘起，将削好的接穗芽片插入砧木，用砧木皮将接穗芽片上下压住（图3-29）。

图 3-29　改良方块形芽接②

八、套 芽 接

套芽接又称套接，接穗呈筒形，套入砧木上，故称套芽接。适宜在生长季节，要求砧木与接穗的皮层都易剥离时进行，主要应用于一般芽接不易成活的树种，如柿等。接穗要求芽眼不突起，容易取下筒形芽片。优点是成活率高，可以解决有的树种采用一般芽接成活率低的问题；缺点是要求砧、穗粗度一致，且嫁接速度较慢。

（一）切砧木

砧木要求在与接穗粗度一致的部位平茬，在顶端以下3cm 左右的部位自下而上竖切 3～4 刀，将砧木的皮层撕开约 3～4 道（图3-30）。

（二）削接穗

在接穗芽眼部位上约1cm 处剪断，在芽眼下约 1.5cm

图 3-30　切砧木

处环切一刀，扭动接芽，使接芽呈筒状取下（图 3-31）。

图 3-31　削接穗

（三）接合

　　将筒状接芽套入砧木的木质部中，将撕开的砧木皮层包裹好接穗的芽眼（图 3-32）。

图 3-32　接合

（四）绑缚

用塑料条紧固砧木被撕开的皮层，顶端密封，在接口下部打结即可（图 3-33）。

图 3-33　绑缚

九、环形芽接

类似于套芽接，接穗也是取一圈树皮，套在砧木被剥离的木质部上，砧木皮层的剥离类似于环状剥皮，故称为环形芽接。优点是成活率高，可以解决一般芽接成活率低的问题；缺点是嫁接速度较慢。

（一）切砧木

在适宜嫁接的部位，上下各环切一刀，长 2～2.5cm，取下皮层（图 3-34）。若砧木略粗于接穗时，可以适当留一点皮层。

图 3-34　切砧木

（二）削接穗

在接穗芽眼的上方约 1cm 部位环切一刀，在芽眼下 1～1.5cm 处环切一刀，在芽眼背部竖切一刀，取下环形接芽（图 3-35）。

（三）接合

将接穗的芽片套在砧木切口上（图 3-36）。若芽片小于砧木切口，尽量使砧穗的下端对齐；若芽片大于砧木切口，则必须将接芽大的部分削去，然后再套上。

图 3-35　削接穗

图 3-36　接合

（四）绑缚

同"T"字形芽接。

十、芽 片 贴 接

将砧木切去一块皮层，在去皮处贴上大小相同的芽片，故称芽片贴接。这种方法在常绿果树上经常采用。优点是成活率高，嫁接成活后接芽容易萌发；缺点是速度较"T"字形芽接慢，但较方块形芽接快。

（一）切砧木

在砧木适宜嫁接的部位，选一光滑面，用刀尖自下而上划两条平行的切口，宽度为 0.6～0.8cm，长 2.5～3cm，深达木质部。在两刀的上端切两刀，使切口呈舌状交叉，切下上半部皮层，并将剩余的皮层撬开（图 3-37）。

图 3-37　切砧木

（二）削接穗

取接穗中部芽眼，削成长 2～2.5cm、宽约 0.6cm、不带木质部的盾形芽片（图 3-38）。

（三）接合

将盾形芽片插入砧木切口，露出芽眼（图 3-39）。

（四）绑缚

同"T"字形芽接。

图 3-38　削接穗

图 3-39　接合

十一、补片芽接

　　补片芽接又称为贴片芽接或芽片腹接，常在嫁接未成活时采用此法补接，故称补片芽接。用于常绿果树的嫁接，需在皮层容易剥离的生长季节采用此法。

（一）切砧木

在适宜嫁接的部位选一光滑面，自下而上竖切两刀，宽约 0.6cm，长 2.5~3cm，深达木质部；在上端横切一刀，撕开皮层，并去除上半部皮层，保留下半部皮层（图 3-40）。

图 3-40　切砧木

（二）削接穗

切取与砧木切口大小相同的接穗芽片，接穗的芽片不能大于砧木切口（图 3-41）。

（三）接合

将芽片插入砧木切口，砧木预留的下半部皮层包裹住接穗的芽片（图 3-42）。

（四）绑缚

同"T"字形芽接。

图 3-41　削接穗

图 3-42　接合

十二、嵌 芽 接

　　系带木质部芽接的一种方法，由于接穗的芽眼是嵌入砧木的，故称嵌芽接。可以在整个生长季节应用，用途

广、效率较高、操作方便。该法优点是可以操作的时间长，嫁接成活后生长旺盛；缺点是嫁接速度较贴芽接慢，接穗利用率不高，砧木太细不好操作。

（一）切砧木

在砧木上距地（或枝条基部）5～8cm处，用嫁接刀向下轻削一刀，长3cm左右，厚为砧木粗度的2/5，切削过重，砧木易折断。在第一刀的下端再斜削一刀，角度为45°左右，取下盾片（图3-43）。

图3-43　切砧木

（二）削接穗

从1年生接穗的枝条上选好接芽，从芽上方1.5cm处向下斜削一刀，厚为接穗粗度的2/3；在芽下0.5～1cm处斜削成舌片状，取下接芽（图3-44），芽片总长度为2.5cm。接芽切削要平整，尤其是靠近芽眼的下端。

（三）接合

将接穗的盾片嵌入砧木的切口中，使形成层对齐（图3-45）；砧、穗粗度不一致的，尽量使一侧形成层对齐。

图 3-44　削接穗

图 3-45　接合

（四）绑缚

同"T"字形芽接。

十三、带木质"T"字形芽接

接穗芽眼带有木质部的芽接方法，由于砧木开口也呈

"T"字形，故称带木质"T"字形芽接。该法在砧木离皮良好的情况下采用，根据接穗特点在以下几种情况下应用：一是接穗皮层不易剥离；二是接穗节部不圆滑，不易剥离不带木质的芽片，如枣树等；三是接穗皮层太薄，不带木质部不易操作和成活。该法具有操作简单、速度快、节省接穗、对接穗要求不严、成活率高等优点。

（一）切砧木

与"T"字形芽接削法相同（图 3-46）。

图 3-46　切砧木

（二）削接穗

接穗的削法与"T"字形芽接削法相近，唯有在削接穗时，横刀较重，直接将芽片取下（图 3-47）。接穗的削取一般用芽接刀，接穗较粗时用枝接刀。

（三）接合

与"T"字形芽接相似（图 3-48）。

（四）绑缚

同"T"字形芽接。

图 3-47　削接穗

图 3-48　接合

十四、镶　芽　接

　　本法系本书作者进行嫁接操作时发现的嫁接方法，适宜初学者。接穗芽眼是镶在砧木切口上的，故称镶芽接。该法优点与嵌芽接一样，可以操作的时间长，嫁接成活后生长旺盛；但是较嵌芽接容易掌握，适宜初学者。缺点是嫁接速度较贴芽接慢，接穗利用率稍低。

（一）切砧木

在砧木上距地（或枝条基部）5～8cm 处，用嫁接刀向下平削一刀，长 2.5～3cm，厚度约为砧木粗度的 2/5。在第一刀的下端再横削一刀，取下带木质的盾片（图 3-49）。

图 3-49　切砧木

（二）削接穗

在 1 年生接穗的枝条上选好接芽，从芽上方向下平削一刀（图 3-50），长 2.5～3cm，厚为接穗粗度的 1/2 左右；在芽下 0.5～1cm 处垂直切下带木质的芽片（图 3-51）。

（三）接合

将接穗的盾片镶入砧木的切口中，使形成层对齐（图 3-52）；砧、穗粗度不一致的，尽量使一侧形成层对齐。

图 3-50　从芽上方向下平削一刀

图 3-51　在芽下 0.5～1cm 处垂直切下

（四）绑缚

同"T"字形芽接。

十五、贴　芽　接

又称板片梭形芽接，自 20 世纪 90 年代在胶东地区普

图 3-52　接合

遍，俗称一刀削或一刀法。由于接穗芽片是贴在砧木切口上，故应称为贴芽接。属于目前嫁接速度最快、最省工的芽接方法，熟练嫁接工一天可以嫁接 2800～3000 株。该法优点一是嫁接成活率高，一般嫁接成活率在95％以上；二是愈合快，可以比嵌芽接提早愈合 2～3 天，早发芽 3 天左右；三是可以延长嫁接时期，嫁接时期自春分至秋分，在 6 个月的时间内都可以进行；四是接穗利用率高，尤其在嫁接名、优、新品种时，在接穗紧张的情况下更显现出优势，接穗利用率可以达到 90％以上。就目前而言，该法属于嫁接速度、成活率都最为理想的芽接方法，除在枣、柿、板栗、葡萄上不太适宜外，几乎适宜于苹果、梨、桃、杏、李、大樱桃、山楂等大部分落叶果树。

（一）切砧木

在砧木距地 5～8cm 处选一光滑面，自下而上轻削一刀（图 3-53），长 2.5～3cm，深约 2mm。砧木切口的上端，最好处在一个叶柄处，这样砧木切片不容易粘连在砧木上。

图 3-53　切砧木（自下而上）

（二）削接穗

削接穗时，应该从芽的上端开始向下削（图 3-54），这样削的接芽易控制长度，且不会出现一头大，一头小的现象。

接芽要比砧木的切口略小（图 3-55），接芽的切削长度不宜过大，过长易削不平，影响砧穗贴合的紧密度。

（三）接合

将接芽贴在砧木上，尽可能使接芽与砧木的形成层一侧对齐（图 3-56）。

图 3-54　削接穗（自上而下）

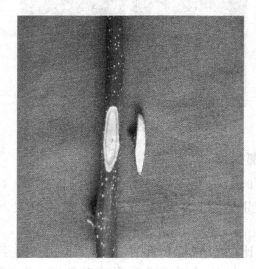

图 3-55　接芽要比砧木的切口略小

（四）绑缚

同"T"字形芽接。

图 3-56　接合

十六、分 段 芽 接

也叫枝芽结合接法。本书作者经过多年嫁接实践，认为有两种方法：一是矮化中间砧苗木的嫁接；二是乔化砧苗木的嫁接。

（一）矮化中间砧苗木的嫁接

第一年春季播种普通砧木种子，得到实生苗，秋季芽接矮化砧。翌年秋季在矮化砧部位每隔 30～40cm 分段嫁接苹果品种芽片（图 3-57）。第三年春季留最下端 1 个品种芽剪砧，剪下的枝条从每个品种芽上部分段剪截，每段枝条的顶端都有 1 个成活的品种接芽，将其

图 3-57　分段芽接

枝接在培育好普通砧木上，秋季出圃。分段芽接只能在生产苗圃中进行，不能在砧木扩繁圃或母本保存圃中使用。

（二）乔化砧苗木的嫁接

第一年春季用易生根的砧木，如日本圆叶海棠等剪成15～20cm 的插条，施肥、作畦、喷除草剂后覆盖地膜，扦插后灌水，获得乔化实生苗。秋季在圆叶海棠上每隔20～25cm 分段嫁接苹果品种芽片，冬季分段剪下枝条，每段枝条的顶端都有 1 个成活的品种接芽，成捆后沙藏。第二年春季，将带有品种芽插条的顶端先用水浴法蜡封，防止扦插后顶端失水；当地温稳定在10℃以上时，直接进行大田扦插，秋季出圃成品苗木。

十七、劈　　接

在砧木上劈一切口，将接穗插入，故称劈接。是我国以前的果树苗木繁育和高接换头过程中应用较多的枝接方法，目前在我国西部地区仍然使用该种方法，在山东省的胶东地区已经几乎不采用了，大多用单芽切腹接来代替。优点是砧、穗接合紧密，绑缚容易，发芽后不易被风折断；缺点是砧木较粗时，劈口难度较大，需要携带嫁接工具较多，操作较为麻烦。

（一）切砧木

在砧木上距地（或枝条基部）5～8cm处平茬（图 3-58），若是锯口要用刀削平，在砧木中间劈一个垂直的劈口，深度为 4cm 左右。劈口时，若砧木较粗要用劈刀，较细用修枝剪即可。

图 3-58　切砧木

（二）削接穗

在 1 年生接穗的枝条上选好接芽，芽下左右各削一刀，长2.5～3cm，呈楔形；芽眼一侧稍厚（图 3-59），另一侧稍薄。切削程度以两侧稍微露出枝条髓部为宜，削面要平滑、不起毛。

图 3-59　芽眼一侧稍厚

（三）接合

将接穗插入砧木的切口中，厚的一侧向外，薄的一侧向内，使砧穗外侧的形成层对齐，露白 0.5cm（图 3-60），

图 3-60　接合

以利伤口愈合。

（四）绑缚

用塑料膜扎紧、扎严。蜡封接穗仅包扎嫁接口即可
（图 3-61），非蜡封接穗要全封闭包扎，芽眼处只包扎一层
厚度为 0.008mm 以下的地膜。

图 3-61　绑缚

十八、切　　接

在砧木上切一个切口，插入接穗，故称切接，系日
本、韩国以及我国台湾等地春季枝接的主要方法。该种方
法的优点是嫁接后生长旺盛，苗木愈合良好，不易被风折
断；缺点是嫁接速度稍慢，且只可以在砧木较粗的情况下
使用，若砧木较细则无法进行嫁接。

1. 切砧木

在砧木上距地（或枝条基部）5～8cm 处平茬，若是
锯口要用刀削平，在木质部一侧向下竖切，形成一个竖切
口，长 3～3.5cm（图 3-62）。

图 3-62　切砧木

2. 削接穗

将接穗削成长短两个削面，长削面长 2.5～3cm，削面平滑，短削面长 0.5cm；接穗削去部分占接穗的一半左右（图 3-63）。

图 3-63　削去接穗的一半左右

3. 接合

将接穗的长削面向内，短削面向外插入砧木切口，形成层对齐（图 3-64），如两面不能对齐，可一面对齐。

图 3-64　接合

4. 绑缚

蜡封接穗的绑缚同劈接。

十九、改 良 切 接

（一）改良切接①

俗称去骨切接，须在皮层容易剥离的时期进行。优点是嫁接成活率高；缺点是适宜进行的时间短，且需要剪、刀都用，嫁接速度较慢。

1. 切砧木

在砧木上距地（或枝条基部）5～8cm 处平茬，若是锯口要用刀削平，在砧木木质部一侧约 1/4 用刀竖切，形成一个直切口，长 3.5cm 左右，在切开砧木较小的一侧，用手剥离皮层，使皮层与木质部分离，然后用刀切断被分离的木质部（图 3-65），俗称去骨，去骨切接由此得名。

图 3-65　切砧木

2．削接穗

接穗的削法同常规切接，只是在有芽眼的一侧轻削，或刮去青皮，长度 2cm 左右（图 3-66），接芽留 1 个。

图 3-66　削接穗

3. 接合

将接穗的长削面向内、短削面向外插入砧木切口，形成层对齐（图 3-67），如两面不能对齐可一面对齐。

图 3-67　接合

4. 绑缚

芽眼处只缠一层厚度为 0.008mm 的地膜，其他处可以多层包扎（图 3-68）。

（二）改良切接②

该法是本书作者在应用韩国金容九教授发明的交合接的基础上，对常规切接进行改良而来。该法适宜嫁接时间长，整个操作过程只需一把修枝剪即可，较改良切接①操作速度快，砧穗接触面积大，尤其对普通枝接难以成活的树种，如板栗、柿、核桃等嫁接成活率高。

1. 切砧木

在砧木上距地（或枝条基部）5～8cm 处平茬，若是锯口要用刀削平，在砧木木质部一侧约 1/4 处用修枝剪竖切，形成一个直切口，长 3～3.5cm（图 3-69）。

图 3-68　绑缚

图 3-69　切砧木

2. 削接穗

用修枝剪将接穗削成长短三个削面。芽眼背面削长削面，长 2.5～3cm（图 3-70）；芽眼一侧的下端呈 45°切削，长 0.5cm 左右（图 3-71）；芽眼一侧再削成一个较短的削面，长 2cm 左右（图 3-72）；三个削面都要求平整、光滑，接芽留 1 个。

图 3-70　芽眼背面

图 3-71　芽眼侧下端削面

3. 接合

将接穗的长削面向内、短削面向外插入砧木切口，形成层对齐（图 3-73），如两面不能对齐可一面对齐。

4. 绑缚

同改良切接①。

图 3-72　芽眼侧削面

图 3-73　接合

二十、切　腹　接

　　在砧木的中部切口，将接穗插入，故称切腹接。该法优点是可以在缺枝的部位嫁接，填补空间，增加树体内膛枝量；缺点是绑缚有一定难度，易出现切口密封不严的问题。以前常用来高接大树，现在基本被单芽切腹接所取代。

（一）切砧木

在砧木需要嫁接的部位，选一平滑面，用修枝剪斜剪一个长 2.5～3cm 的切口（图 3-74）。

图 3-74　切砧木

（二）削接穗

要求接穗芽眼饱满，枝条充实。在嫁接前蜡封接穗，接穗一般留 2～3 个芽眼，在最下端芽眼的两面削成长 2～3cm 的斜面，接穗削成后有芽的一侧稍厚（图 3-75），无芽的一侧稍薄，削面平滑。

（三）接合

插入时稍厚的一面向外，稍薄的一面向内，使砧木与接穗的形成层对齐（图 3-76）。

图 3-75　芽眼面稍厚

图 3-76　接合

（四）绑缚

蜡封接穗的绑缚同劈接。

二十一、箱　　接

在砧木切出长方形的箱型缺口，将接穗嵌入其内，故称箱接。箱接是由盆栽花木类发展起来的嫁接方法。在盆栽果树整形补枝时，一般的枝接方法嫁接愈合后，露出嫁接痕迹，特别是粗枝嫁接，砧木切削面积大，失去自然美，降低了观赏价值。该法的优点是嫁接愈合后，伤口不明显；缺点是操作稍显复杂，需要熟练的嫁接技术。

（一）切砧木

在砧木截断面处，自上而下纵切两刀，深达木质部，长 2～2.5cm，宽度要小于接穗的粗度；再用薄刃凿子自下而上稍向木质部切削，切成一个长条小箱子形（图3-77）。

图 3-77　切砧木

（二）削接穗

在接穗下端芽眼的背面斜削一刀，成一长削面，厚度与砧木切口的深度一致，长度为 2～2.5cm；再在削面的两侧各削一刀，使之与砧木切口大小吻合（图 3-78）。

图 3-78　削接穗

（三）接合

将接穗插入砧木切口，长削面靠向砧木，使砧、穗二者恰好完全接合，形成层对齐（图 3-79）。

图 3-79　接合

（四）绑缚

接口用塑料膜密封（图 3-80），外套塑料袋保湿。

图 3-80　绑缚

二十二、插 皮 接

接穗是插入砧木的皮层内，故称插皮接，又称为皮下接。在砧木皮层易剥离且与接穗的粗度相差较大的情况下才使用，具有嫁接速度快、成活率高、简单易学等优点；缺点是嫁接成活后，接穗易被风折断，需要对新梢进行绑缚。

（一）切砧木

在砧木适宜的嫁接部位，先平茬，再自上而下竖切一刀，长约 3cm，用刀轻轻拨开砧木皮层（图 3-81）。

（二）削接穗

削接穗时，要求接穗削面长、平、薄，正面（大削

图 3-81 切砧木

面）长2.5～3cm，背面削成长 0.5～0.7cm 的小削面，侧面观察接穗的入刀处带有一定的弧度（图 3-82）。

图 3-82 接穗侧面

（三）接合

将接穗的正面（大削面）朝向砧木的木质部，小削面朝向砧木的韧皮部，沿竖切口轻轻插入，插到接穗的削面最上端离砧木平茬面 0.5cm 时停止（图 3-83）。

图 3-83　接合

（四）绑缚

蜡封接穗的绑缚同劈接。

二十三、舌　　接

接穗与砧木斜切面的接合呈舌状交叉，故称舌接。在砧木与接穗的粗度相差不大的情况下使用，由于较一般枝接增加了一个接触面，属于成活率最高的枝接方法之一。优点是接合牢固，萌发后不易折断；缺点是稍显操作复杂，嫁接速度稍慢。

（一）切砧木

砧木自下而上削成长 2.5～3cm 的斜面，然后在削面顶端1/5处，顺着枝条往下劈，劈口长 1.5～2cm，呈舌状（图3-84）。

（二）削接穗

在接穗芽下背面削成长 2.5～3cm 的斜面，劈口与切

图 3-84 切砧木

砧木一致（图 3-85）。

图 3-85 削接穗

（三）接合

　　把接穗的劈口插入砧木的劈口中，使砧木与接穗呈舌状交叉起来，形成层对齐，向内插紧（图 3-86）。

（四）绑缚

　　接口用塑料条封闭即可（图 3-87）。

图 3-86　接合

图 3-87　绑缚

二十四、袋　　接

在砧木断面上用手捏出一个类似于袋口状缝隙，将接穗插入，故称袋接。袋接与插皮接最大的区别是砧木的处理，插皮接需竖切一刀开口，袋接不开口。适用于砧木皮层容易剥离且韧皮部韧度较大的树种。优点是嫁接成活率高，携带工具少，嫁接只用一把修枝剪，绑缚简单；缺点是砧木开口需要一定的技巧。

（一）袋接

1. 切砧木

在砧木适宜的嫁接部位，先平茬，用手在砧木平茬口的上端用力捏开一个袋状缺口，长2～3cm（图3-88）。

图3-88　切砧木

2. 削接穗

接穗削法与插皮接相同，削面要求长、平、薄，正面（大削面）长2.5～3cm，背面削成长0.5～0.7cm的小削面（图3-89）。

3. 接合

将接穗的正面（大削面）朝向砧木的木质部，小削面朝向砧木的韧皮部，沿竖切口轻轻插入，插到接穗的削面最上端离砧木平茬面0.5cm时停止（图3-90）。

4. 绑缚

同改良切接①。

图 3-89　削接穗

图 3-90　接合

（二）反袋接

　　果桑的木质部与韧皮部剥离后，韧皮部形成层带有的薄壁细胞多，故常采用反袋接。其操作步骤与袋接一致，只是插入接穗时，大削面朝向韧皮部（图 3-91）。

图 3-91　反袋接

二十五、根　接

利用苗木的根作砧木进行嫁接，当年出圃优质苗木，故称根接。主要适宜苗木冬春发芽前嫁接，嫁接前应先将砧木实生苗于封冻前挖出，沙藏，随用随取。优点是可以利用冬闲时间进行，当年出圃；缺点是嫁接后需要沙藏愈合，较为麻烦。

嫁接时，可以采取劈接、切接、切腹接、舌接等枝接方法，具体措施与春季枝接方法一样。嫁接后，要及时将苗木沙藏在冻土层以下或地窖内，沙藏苗木所用湿沙的湿度为"手握成团不滴水，手松即散"为宜。春季根接苗木的沙藏时间不能少于 15 天。

（一）切砧木

将实生苗根部用水洗净，晾干；在根颈以上 3～5cm

处平茬，并分别按照劈接、切接、切腹接、舌接砧木的切削方法，进行砧木切削（图3-92）。

图 3-92　切砧木

（二）削接穗

按照劈接、切接、切腹接、舌接接穗的切削方法，进行接穗切削（图3-93）。

图 3-93　削接穗

（三）接合

按照劈接、切接、切腹接、舌接砧穗接合的方法，进行接合（图 3-94）。

图 3-94　接合

（四）绑缚

将接口用宽度为 4～5cm、厚度为 0.008mm 的地膜封

图 3-95　绑缚

闭即可（图 3-95）。

二十六、桥　　接

利用大树基部萌条，或单独采用一支长梢接穗，越过病疤或伤口与砧木接合，类似于搭桥，故称桥接。常在大树病疤补救或改良小脚病中采用。

（一）春季桥接

春季桥接采用插皮腹接（图 3-96）、靠接（图 3-97）等方法。

图 3-96　插皮腹接

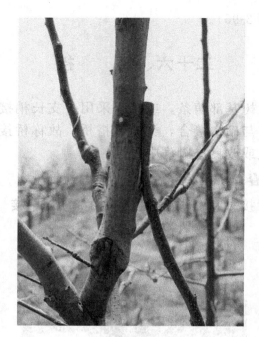

图 3-97　靠接

若病疤下部有萌条，可以直接越过病疤进行嫁接（图 3-98）；若病树基部有萌条，也从基部越过病疤嫁接（图 3-99）；若没有萌条，可以在其旁另植壮苗，进行嫁接。若病疤离地较远，基部萌条或另植壮苗无法接近，可以选用壮条，在病疤两端开"T"字口，进行插皮桥接。绑缚时，要先用地膜包扎嫁接口，并用湿土封闭透气的缝隙，使之不透水、不透气。

（二）夏秋季桥接

夏秋季采用绿枝插皮腹接，方法与春季插皮腹接基本一致，只是注意选用的接穗必须达到完全木质化，接穗的削面稍长，绑缚用厚度 0.006mm 地膜全包扎，接穗不能外露。

图 3-98　利用病斑下部萌条

图 3-99　利用病树基部萌条

二十七、子 苗 嫁 接

在大粒砧木种子萌发后的子苗胚轴上平茬开口，插入接穗，故称子苗嫁接。常用在板栗苗木的繁殖上，该技术始于 20 世纪 60 年代，初期嫁接成活率较低，80 年代后经过技术改进，成活率大幅提高，目前基本可以达到 85% 以上。优点是当年出圃优质苗木；缺点是技术要求稍严，操作步骤稍显麻烦。

3 月中旬将沙藏的板栗种子取出，此时种子已经产生胚根，挑选无霉烂的种子进行断根，按照株行距 5cm× 10cm 平放于苗床，覆盖 7cm 厚的湿沙，10 天左右发芽，控制温度在 30℃ 以下。当子苗第一片叶片即将展开时为嫁接适期。

（一）切砧木

在胚轴上留 2.5～3cm 切断，从胚轴的中间劈开，深 1.5～2cm（图 3-100）。

图 3-100　切砧木

（二）削接穗

接穗选取与砧木粗度相近的，芽眼饱满，削法同劈接（图 3-101），削面长度 1.5cm 左右。

图 3-101　削接穗

（三）接合

将接穗插入砧木切口，形成层对齐（图 3-102）。若接穗粗度大于砧木，则应将多余的部分削除。

图 3-102　接合

（四）绑缚

大部分书籍介绍用麻线等易腐烂的材料来绑缚。本书作者认为可以就地取材，用木槿花等韧性强的树皮（去除表皮，切细，成线）包扎（图 3-103），入土后基本 30 天左右即可腐烂。嫁接后，要立即定植，根部可以浇水；但是嫁接口处不能灌水；待水渗入后培土保湿。

图 3-103　绑缚

二十八、合　　接

将砧木与接穗的削面贴合在一起，故称合接。一般应用在砧木与接穗粗度基本相似的情况下，属于春季枝接的方法。优点是由于无需砧木离皮，故嫁接期可以提早，切削方法简单，适宜初学者；嫁接速度快，成活率高，砧穗愈合后接合牢固，不易被风折断。缺点是由于接穗不是插入砧木，绑缚时若接穗移动，降低成活率；接穗是多芽眼的需要蜡封。

（一）切砧木

在适宜的嫁接部位，先平茬，在距离砧木顶端 3 ～

4cm 处，自下而上削呈马耳形削面（图 3-104）。

图 3-104　切砧木

（二）削接穗

在接穗的下端削呈马耳形削面，长 3～4cm，宽度与砧木切口相同（图 3-105）；削去的接穗为接穗厚度的 1/2 左右。

（三）接合

将砧木与接穗的削面贴合在一起（图 3-106）。若砧木与接穗的粗度相同，无需露白；若砧木较粗，接穗较细，则接穗需露白 0.5cm 左右。

（四）绑缚

绑缚同舌接。

图 3-105　削接穗

图 3-106　接合

二十九、靠   接

嫁接时，将砧木与接穗靠在一起，故称靠接。适用于一些特殊要求，如挽救垂危果树、盆栽果树造型以及改良品种等。根据砧木与接穗接合的方式，分为合靠、舌靠、镶嵌靠等几种方法。优点是简单易学，操作方便；缺点是绑缚需要一定的技巧，适用范围稍差。

（一）切砧木

在砧木适宜嫁接部位，轻削一刀，宽约 0.6cm，长 2.5～3cm，深达木质部，露出形成层（图 3-107）。

图 3-107　切砧木

（二）削接穗

在对应的接穗部位削出与砧木切面大小一致的削面（图 3-108）。

图 3-108　削接穗

（三）接合

将砧木与接穗的削面靠在一起（图 3-109）。

图 3-109　接合

（四）绑缚

用宽度为 4～5cm、厚度为 0.008mm 的地膜封闭接口（图 3-110），有缝隙处用湿泥堵严。

图 3-110　绑缚

三十、打　孔　接

在枝干上打孔，插入接穗，故称打孔接。在大树枝干缺枝的部位进行，由于无需剥开树皮，故嫁接时间可以提早，且适宜树皮不易剥离的树种，常用于老树更新。优点是简单易行，嫁接速度快；缺点是绑缚较为复杂。

（一）切砧木

在砧木适宜嫁接的部位刮去老皮，用电钻打孔，深度为 2.5～3cm，口径为 0.5～0.6cm（图 3-111）。打孔后，用刀尖削平孔口，露出形成层。

（二）削接穗

接穗的粗度应该与砧木的孔口直径相近，可以稍粗，

图 3-111　切砧木

但不可过细。将接穗下端的皮层去除，长度为 2.5cm 左右（图 3-112）；如皮层不易剥离，可以用刀削去韧皮部，露出形成层。

图 3-112　削接穗

（三）接合

将接穗插入砧木孔中，大小适宜（图 3-113）；若过

图 3-113　接合

松，应将接穗剪去一部分，再插入，直至合适为宜。

（四）绑缚

将接口及接穗用宽度为 4～5cm、厚度为 0.008mm 的地膜封闭（图 3-114），芽眼处只缠绕一层薄膜。

图 3-114　绑缚

三十一、插皮舌接

接穗木质部呈舌状插入砧木的皮层内，故称插皮舌接。是目前核桃春季枝接的主要方法，也是成活率最高的枝接方法，适宜的嫁接时期是砧木萌动期。

核桃接穗应于发芽前 20～30 天或头年秋季落叶后采集，采后贮存于 0～5℃的地窖内或阴凉处。嫁接前 2～3 天将接穗取出后剪段，剪留长度 15～20cm，并用清水浸泡，使接穗充分吸水，使其萌动、离皮。接穗蜡封后，待用。

（一）切砧木

在砧木基部锯 3 道螺旋形锯口放水，深达主干的 1/5～1/4。锯断砧木，并削平锯口；然后在砧木平滑的一侧计划插接穗处，用利刀轻轻削去老粗皮，露出嫩皮（图 3-115），削面长度距锯口略长于接穗削面长度，宽 1～3cm，厚度 3mm 左右。如砧木细，可适当薄一些。在削面的中心位置竖切一刀，深达木质部，并撬开皮层。

图 3-115　切砧木

（二）削接穗

在接穗的下端斜削一刀，削去部分占接穗粗度的 2/3，上厚下薄；削面呈 3～4cm 长的马耳形斜面，接穗削面的刀口一开始就向下凹，并超过髓心，呈马耳形向下斜削，然后剥开韧皮部（图 3-116）。

图 3-116　削接穗

（三）接合

捏开接穗马耳形尖端皮层，使其皮、木分离，将接穗

图 3-117　接合

木质部插入砧木的韧皮部与木质部之间，露白 0.5cm，接穗的皮层覆在砧木嫩皮上（图 3-117）。

（四）绑缚

蜡封接穗，只需将嫁接口用适宜的塑料膜绑缚（图 3-118）即可。

图 3-118　绑缚

三十二、插 皮 腹 接

在砧木的中间部位进行插皮接，故称插皮腹接。由于需要在砧木树皮易剥离时期进行，嫁接时期较单芽切腹接略晚，但最晚不宜超过花期。优点是愈合快、成活率很高，操作简单易学，嫁接成活后接穗分枝角度大，非常适宜大树高接换头；缺点是砧木较细时难以采用。

（一）切砧木

在砧木适当位置横切一刀深达木质部，再在横切口的上方与枝干呈 45°角度斜切一刀，深达木质部，长 2cm 左右，并与第一刀交汇；在第一刀中心向下竖切，深达木质部，长 3cm 左右，并用刀尖向左右两侧分开皮层，呈"T"字形开口（图 3-119）。

图 3-119 "T"字形开口

（二）削接穗

接穗要求削面长、平，正面（大削面）长 3cm（图 3-120），背面削成长 0.5～0.7cm 的一个短削面（图 3-121）。

图 3-120 接穗长削面

图 3-121　接穗短削面

（三）接合

将接穗正面（大削面）朝向木质部，小削面朝向韧皮部，沿竖切口插入，插至接穗的大削面完全与砧木的木质部结合平后停止（图 3-122）。

图 3-122　接合

（四）绑缚

将接口用宽度为 4～5cm、厚度为 0.008mm 的地膜封闭（图 3-123），芽眼处只缠一道膜。

图 3-123　绑缚

三十三、芽片插皮接

　　该法系本书作者进行嫁接操作时发现的嫁接方法，适宜初学者，接穗芽片插入砧木皮层内，故称芽片插皮接。接穗皮层容易剥离时，芽片可以不带木质部，用"T"字形芽接的接穗削法取下芽片。若接穗皮层不易剥离，芽片可以用带木质部"T"字形芽接的接穗削法取下芽片；或用贴芽接（板片梭形芽接）的接穗削法取芽片，嫁接速度更快。优点是简单易学，绑缚速度快；缺点是砧木要求皮层容易剥离，且不能太细。

（一）芽片插皮接①

　　该法在接穗皮层容易剥离时采用。

1. 切砧木

　　用修枝剪在砧木适宜嫁接的位置平茬，并开"T"字形口（图3-124）。

图 3-124　切砧木

2. 削接穗

按照"T"字形芽接的接穗削法，取下芽片（图 3-125）。

图 3-125　削接穗

3. 接合

将芽片插入砧木"T"字形口（图 3-126）。

4. 绑缚

用厚度 0.008mm 的塑料膜包扎严密，芽眼处只缠绕

图 3-126　接合

一道，以利芽眼萌发（图 3-127）。

图 3-127　绑缚

（二）芽片插皮接②

该法在接穗皮层不易剥离时采用。

1. 切砧木

用修枝剪在砧木适宜嫁接的位置平茬，并开"T"字形口（图 3-128）。

图 3-128　切砧木

2. 削接穗

按照带木质"T"字形芽接的接穗削法，取下芽片（图 3-129）。

图 3-129　削接穗

3. 接合

将芽片插入砧木"T"字形口（图 3-130）。

4. 绑缚

绑缚同芽片插皮接①。

图 3-130　接合

三十四、单芽切腹接

接穗用单芽，在砧木的中间部位或顶端斜切，插入接穗，故称单芽切腹接，是我国目前春季主要采用的枝接方法之一。该法优点是节省接穗，绑缚简单，嫁接速度快，成活率高，仅需一把刀和一把修枝剪就即可进行，属于目前嫁接速度最快的枝接方法。

图 3-131　切砧木

（一）切砧木

在砧木距地（或基部）5～8cm 处平茬，在平茬处用修枝剪斜剪一个长 2.5～3cm 的切口（图 3-131）。

（二）削接穗

用修枝剪切削接穗，接穗要削出髓心；接穗两面削成长 2～3cm 的斜面，芽眼侧稍厚，芽眼背侧稍薄，接穗留单芽取下（图 3-132）。

图 3-132　留单芽取下

图 3-133　接合

（三）接合

插入时稍厚的一面向外，稍薄的一面向内，使砧木与接穗的形成层对齐（图 3-133）。

（四）绑缚

绑缚自下而上，到接穗芽眼处只包一层 0.008mm 的地膜（图 3-134）。

图 3-134　绑缚

三十五、单芽腹接

取接穗单芽，嫁接在砧木枝干的中部，故称单芽腹接。此法节省接穗，无需蜡封，可以补充大树内膛空间，在常绿果树多头嫁接时经常采用。按照切取接穗方法的不同，分为两种方法。

（一）单芽腹接①

1. 切砧木

在砧木枝条的中间部位自上而下斜削一刀，从表皮到皮层一直到木质部表面，向下切入约 3cm，再将切开的树皮切去一半（图3-135）。

图 3-135　切砧木

2. 削接穗

第一刀在叶柄的下方 1cm 左右斜向纵切，深达木质部；第二刀在芽的上方约 1.5cm 处斜向纵切，深达木质部，并继续向前削，直至两刀交汇，取下带木质部的盾形芽片（图 3-136）。

图 3-136　削接穗

3. 接合

将接穗芽片插入砧木切口，芽片下面楔形要插入保留的树皮内，使树皮包裹住芽片的下伤口，形成层对齐，但要露出芽眼（图 3-137）。

图 3-137　接合

4. 绑缚

绑缚同"T"字形芽接。

（二）单芽腹接②

1. 切砧木

与单芽腹接①的砧木切削一致（图 3-138）。

图 3-138　切砧木

2. 削接穗

在接穗下端芽眼的背面斜削一刀，成一长削面，长约2.5cm；在有芽眼的一面下端削一短削面，长约0.5cm，留单芽取下接穗（图3-139）。

图 3-139　削接穗

3. 接合

将接穗插入砧木切口，长削面靠向砧木，短削面要插入保留的树皮内，使树皮包裹住接穗的伤口，形成层对齐

图 3-140　接合

（图 3-140）。

4.绑缚

芽眼处用厚度为 0.008mm 地膜单层包扎（图 3-141）。

图 3-141　绑缚

三十六、单芽插皮接

插皮接的接穗使用的是单芽，故称单芽插皮接。传统插皮接的接穗使用多芽，要么蜡封，要么需要多道包扎，很是复杂。单芽插皮接使用单芽，绑缚速度可以提高一倍以上；缺点是砧木较细时无法操作，接穗萌发后，新梢需绑缚，否则易被风折断。

（一）切砧木

在砧木适宜的嫁接部位，先平茬，再自上而下竖切一刀，长约 3cm，用刀轻轻拨开砧木皮层（图 3-142）。

（二）削接穗

接穗削面要求长、平、薄，正面（大削面）长 2.5～

图 3-142　切砧木

3cm（图 3-143），背面削成长 0.5cm 的一个小削面，留单芽剪截。

图 3-143　接穗正面

（三）接合

　　将接穗的正面（大削面）朝向砧木的木质部，小削面朝向砧木的韧皮部，沿竖切口插入，插到接穗的削面最上端离砧木平茬面 0.5cm 时停止（图 3-144）。

图 3-144 接合

（四）绑缚

绑缚同单芽切腹接。

三十七、单芽切接

单芽切接与切接相似，由于接穗是采用单芽，故称单芽切接。在枝条的顶端嫁接，具有顶端优势，生长旺盛，绑缚简单，接穗无需蜡封；缺点是砧木较细时无法操作。

（一）切砧木

在砧木上距地（或枝条基部）5～8cm 处平茬，在木质部一侧向下竖切，形成一个直切口，长 3～3.5cm（图 3-145）。

（二）削接穗

在接芽的上方约 1cm 处剪断，在接芽下方约 1cm 处斜切一刀，再从上端剪口直径处向下竖切一刀，使两个刀口相接，取下芽片（图 3-146）。

图 3-145　切砧木

图 3-146　取下芽片

（三）接合

　　将接穗的长削面向内、短削面向外插入砧木切口，形成层对齐（图 3-147）。

（四）绑缚

　　绑缚同单芽切腹接。

图 3-147　接合

三十八、单芽嵌接

在砧木上开口，接穗用单芽嵌入，故称单芽嵌接。结合了嵌接和切接的优点，绑缚简单，接穗无需蜡封，接合牢固，不易被风折断；缺点是要求技术熟练，生手不易操作。

（一）切砧木

在砧木适宜嫁接部位自上而下斜削一刀，从表皮到皮层一直到木质部，向下切入约 3cm。在第一刀的下端再斜削一刀，角度为 45°左右，取下盾片；再在砧木切口上端约 0.5cm 处平茬（图3-148）。

（二）削接穗

将接穗削成长短两个削面，长削面长 2.5～3cm，短削面长 0.5cm 左右，接穗留 1 个芽眼剪截（图 3-149）。

图 3-148　切砧木

图 3-149　削接穗

（三）接合

将接穗的长削面向内、短削面向外插入砧木切口，形成层对齐，如两面不能对齐可一面对齐（图 3-150）。

（四）绑缚

绑缚同单芽切腹接。

图 3-150　接合

三十九、去 皮 贴 接

将砧木切去一条树皮，在去皮处贴上接穗，故称去皮贴接。优点是类似于箱接，但是较箱接简单，无需用凿子去除木质部，操作简单，贴合紧密，成活率高；缺点是不如箱接砧穗接合牢靠，需要在砧木皮层容易剥离期进行。

（一）切砧木

在砧木截断面处，自上而下纵切两刀，深达木质部，长 2～2.5cm，宽度要稍小于接穗的粗度；在纵切口下端横切一刀，取下韧皮部，切成一个长条形缺口（图3-151）。

（二）削接穗

在接穗下端芽眼的背面斜削一刀，成一长削面（图3-152），厚度与砧木切口的深度一直，长度为 2～2.5cm；在第一刀的背面再斜削一刀，长约 0.5cm，成一短削面

图 3-151　切砧木

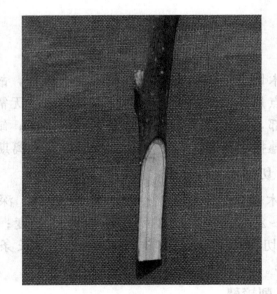

图 3-152　接穗长削面

（图 3-153）；再在削面的两侧各削一刀，使之与砧木切口大小吻合。

图 3-153　接穗短削面

（三）接合

将接穗插入砧木切口，长削面靠向砧木，使砧、穗完全接合，形成层对齐（图 3-154）。

图 3-154　接合

（四）绑缚

绑缚同单芽切腹接。

四十、切　贴　接

砧木类似于切接法开口，接穗贴合在砧木上，故称切贴接。具有切接和贴接两种方法的优点，接合紧密、愈合快，砧、穗无需离皮，嫁接时期可以延长，成活率高；缺点是嫁接速度不如单芽切腹接。

（一）切砧木

在砧木上距地（或枝条基部）5～8cm 处平茬，在木质部一侧向下竖切，形成一个直切口，长 3～3.5cm。在第一刀的下端再斜削一刀，角度 45°左右，取下已经切除的树皮（图 3-155）。

图 3-155　切砧木

（二）削接穗

将接穗削成长短两个削面，长削面长 2.5～3cm（图 3-156），短削面长 0.5cm 左右（图 3-157），削面平整、光滑。

图 3-156　接穗长削面

图 3-157　接穗短削面

（三）接合

将接穗的长削面向内、短削面向外插入砧木切口，形成层对齐（图 3-158）。

图 3-158　接合

（四）绑缚

绑缚同单芽切腹接。

四十一、削 切 劈 接

削切劈接是欧美国家称法，即用刀锯锯出一道锯口，将接穗插入锯口中，故在我国又称锯口接，适宜于粗大的砧木在春季进行枝接。优点是接合牢固，接穗发芽后不易折断；缺点是操作复杂，技术不熟练者无法操作。

（一）切砧木

将砧木在适宜嫁接处锯断，用刀削平，再用手锯自上而下斜锯裂口，裂口的长度为 4～5cm，宽要略超过接穗的粗度，用刀将锯口削平，并适当加宽，使接穗能插入（图 3-159）。

图 3-159　切砧木

（二）削接穗

接穗留 2～3 个芽眼，在其下端两面各削一刀，使之形成一面厚一面薄的楔形（图 3-160），背面看似三角形，

图 3-160　接穗正面

削面长 4~5cm，要求平整、光滑。

（三）接合

将接穗插入砧木锯口中，使厚面左右两侧的形成层与砧木两边的形成层对齐（图 3-161）。

图 3-161　接合

（四）绑缚

先用塑料条将砧木与接穗固定，再用塑料袋将接穗以及接口处整个套起来（图 3-162）。

图 3-162　绑缚

四十二、二 重 枝 接

　　将中间砧与品种接穗同时接于基砧上，故称二重枝接。该技术可以缩短育苗时间，主要用于苹果矮化中间砧苗木的培育。

　　提前采好枝条充实、芽眼饱满、无病虫的矮化中间砧和品种接穗，剪成枝段并蜡封剪口沙贮；中间砧接穗剪截 25～30cm 长。选择生长健壮、径粗 0.8cm以上的实生苗（基砧），距地 5～8cm 平茬，并用修枝剪开口（图 3-163）。

图 3-163　切砧木（基砧）

　　操作时，先把品种接穗接于矮化砧段上，绑缚后在矮化砧基部削出适宜的削面（图 3-164），再将其嫁接在已定植的基砧上，并用薄膜绑缚。

　　接穗最好用蜡封处理；接穗不是蜡封的，要在嫁接口绑缚后用塑料袋套上（图 3-165）。

图 3-164　矮化砧削面

图 3-165　绑缚后套袋

四十三、镶　　接

在砧木中间部位开口，将接穗镶入，故称镶接。镶接可不截断砧木，多用于砧木较粗时或填枝补空时采用。优点是接合紧密，愈合良好，成活率高；缺点是绑缚较为复杂。

（一）切砧木

在砧木适宜嫁接部位自上而下斜削一刀，从表皮到皮层一直到木质部，向下斜切入约 3cm。在第一刀的下端再斜削一刀，角度为 45°左右，取下带有木质部的盾片（图 3-166）。

图 3-166　切砧木

（二）削接穗

将接穗削成长短两个削面，长削面长 2.5～3cm，短削面长 0.5cm 左右（图 3-167）。

图 3-167　削接穗

（三）接合

　　将接穗的长削面向内、短削面向外插入砧木切口，形成层对齐（图 3-168）。

图 3-168　接合

（四）绑缚

用塑料条或地膜绑缚（图 3-169）。

图 3-169　绑缚

四十四、交　合　接

韩国金容九教授发明的枝接方法，具有接合牢固、抗风等优点，缺点是技术复杂，非熟练者不易操作。以下内容本书作者在语言描述与操作步骤上稍作调整。

（一）切砧木

在砧木适宜嫁接部位呈 20°～30°锯断，自砧木截面高处垂直下切 3.5cm 左右，类似切接的切口；在砧木截面低处 1.5cm 自下而上切削，削取的皮层厚度约为 0.1～0.2cm（图 3-170）。

（二）削接穗

接穗留 5～6 芽，自接穗截面一侧留 0.1cm 厚的皮层（稍带木质部）向上切削，长度 6cm 左右，对应面也做同

图 3-170　切砧木

样切削，但去除皮层（图 3-171）。将接穗中间的木质部剪
去 2.5cm（图 3-172），在下端由不带皮层一侧向带皮层一
侧切削，角度为 45°（图 3-173）。

图 3-171　削接穗（1）

（三）接合

将接穗带有皮层的削面向内、不带皮层的削面向外插

图 3-172　削接穗（2）

图 3-173　削接穗（3）

入砧木切口，形成层对齐，皮层跨过砧木横断面，并在砧木断面低处折下，使接穗皮层的形成层与砧木低处切面的形成层对齐（图 3-174）。

（四）绑缚

用塑料膜将砧木与接穗固定、密封（图 3-175）；非蜡封接穗要用塑料袋将接穗及接口套起来。

图 3-174 接合

图 3-175 绑缚

四十五、花 芽 嫁 接

用带有花芽的枝条为接穗，当年嫁接，当年结果，故
称为花芽嫁接。台湾由于高温、潮湿，梨花芽分化不
良，梨农大多采用花芽嫁接来进行梨果生产。台湾多

采用切接进行花芽嫁接，胶东地区习惯用切腹接或单芽切腹接。嫁接时间自春季芽眼萌动初期开始，至花序分离期结束。

（一）单花芽嫁接

用单个花芽为接穗，要求花芽饱满，枝条充实。操作时，与苗木的单芽切腹接一样，只是接穗的削面要求稍长（图3-176），以增加砧穗间形成层的接触面积，缩短愈合时间。包扎时，用0.008mm厚度的地膜，芽眼单层包扎，其他处可以缠绕多道。要提前贮存花粉，嫁接的花芽开花后（图3-177），要及时授粉，以保证坐果。

图3-176 接穗削面稍长

（二）多花芽嫁接

利用多个花芽为接穗，要求花芽饱满，枝条充实。接穗要蜡封，操作时，与普通切腹接一样，只是接穗的削面要求稍长。只需将嫁接口包扎严密（图3-178），接穗其他

图 3-177　嫁接花芽开花

处由于进行了蜡封处理，无需包扎。提前贮存花粉，开花后及时授粉，以保证坐果。

图 3-178　接口包扎严密

四十六、鞍　　接

接穗像马鞍一样与砧木接合，故称鞍接。实际就是倒劈接，适宜接穗较粗、砧木较细时采用。

（一）切砧木

在砧木适宜嫁接部位，选一光滑面，左右各削一刀，长 2.5 ～ 3cm，呈楔形；一侧稍厚，另一侧稍薄（图 3-179）。切削程度以两侧稍微露出枝条髓部为宜，削面要平整、光滑、不起毛。

图 3-179　切砧木

（二）削接穗

在接穗基部中间劈一个垂直的劈口，深度为 3.5cm 左右（图 3-180）。

（三）接合

将砧木插入接穗的切口中，厚的一侧向外，薄的一侧向内，使砧穗外侧的形成层对齐（图 3-181），砧木露白

图 3-180　削接穗

0.5cm 以利伤口愈合。

图 3-181　接合

（四）绑缚
用塑料条扎紧、扎严（图 3-182）。

图 3-182　绑缚

四十七、嵌　腹　接

在砧木中间部位的皮层开口，将接穗嵌入，故称嵌腹接。嵌腹接可不截断砧木，多用于砧木较粗时或填枝补空时采用。优点是接合紧密，愈合良好，成活率高；缺点是需在砧木皮层容易剥离期进行，开口复杂，嫁接速度不快。

（一）切砧木

在砧木适宜嫁接部位，选一光滑面，呈弧形上下各切一刀，取下树皮。在开口的左右各竖切一刀，长 2.5～3cm，撕开树皮，并切除上半部（图 3-183）。

（二）削接穗

将接穗削成长短两个削面，长削面长 2.5～3cm（图3-184），短削面长 0.5cm 左右（图 3-185），接穗留 2～3

图 3-183　切砧木

图 3-184　接穗长削面

个芽眼剪截。

（三）接合

将接穗插入砧木的切口中，长削面向内，短削面向外，使砧木留下的树皮包裹接穗（图 3-186）。

（四）绑缚

绑缚同单芽腹接②。

图 3-185　接穗短削面

图 3-186　接合

四十八、绿 枝 嫁 接

（一）绿枝劈接

1. 切砧木

将砧木平茬，并从中间劈开，形成一个直的切口，长

2.5～3cm（图 3-187）。

图 3-187　切砧木

2. 削接穗

将绿枝接穗（半木质化程度以上）削为两个相近似的削面，要求芽眼的一侧稍厚（图 3-188），芽背侧稍薄，长2.5～3cm，削面平滑，接穗留 1 个芽。

图 3-188　芽眼侧稍厚

3. 接合

将接穗从中间插入，厚的一侧向外，薄的一侧向内，砧穗形成层至少一侧对齐（图 3-189）。

图 3-189　接合

4. 绑缚

接穗用厚度为 0.006mm 的塑料膜扎紧、扎严，芽眼处只缠一层膜（图 3-190）。

图 3-190　绑缚

（二）绿枝切接

1. 切砧木

将砧木平茬，在木质部一侧向下竖切，形成一个直的切口，长 2.5～3cm（图 3-191）。

图 3-191　切砧木

2. 削接穗

将半木质化以上的绿枝接穗削成长短两个削面，长削面长 2.5～3cm，短削面长 0.5cm 左右；自侧面观察，削面光滑、顺畅（图 3-192），接穗留 1 个芽。

3. 接合

将接穗的长削面向内、短削面向外插入砧木切口，形成层对齐（图 3-193）。

4. 绑缚

绑缚同绿枝劈接。

（三）绿枝插皮接

1. 切砧木

将砧木平茬后，自上部向下竖切一刀，用刀轻轻拨开

图 3-192　接穗侧面

图 3-193　接合

韧皮部（图 3-194）。

2. 削接穗

　　绿枝接穗要求半木质化以上。削接穗时，要求削面长、平、薄；正面（大削面）长 3～4cm，背面削成长 0.5～0.7cm 的小削面（图 3-195）。

图 3-194　切砧木

图 3-195　削接穗

3. 接合

将正面（大削面）向木质部，小削面向韧皮部，沿竖切口轻轻插入，插到接穗的削面最上端离砧木削面 0.5cm 时停止（图 3-196）。

4. 绑缚

用厚 0.006mm 的薄膜包扎嫁接口，芽眼露出

（图 3-197）。

图 3-196　接合

图 3-197　绑缚

（四）绿枝舌接

1. 切砧木

将砧木自下而上削成 2.5～3cm 长的斜面，然后在削面顶端 1/5 处，顺着枝条往下劈，劈口长 1.5～2cm，呈舌状（图 3-198）。

图 3-198　切砧木

2. 削接穗

绿枝接穗要去掉叶片，保留叶柄。在接穗芽下背面削成 2.5～3cm 长的斜面，劈口与切砧木一致（图 3-199）。

图 3-199　削接穗

3. 接合

将接穗的劈口插入砧木的劈口中，使砧木和接穗舌状交叉起来，形成层对齐，向内插紧（图 3-200）。

图 3-200　接合

4. 绑缚

绑缚同绿枝劈接。

（五）绿枝单芽腹接

该法系本书作者进行嫁接操作时发现的嫁接方法，应用在苹果、梨等树种，效果很好。当嫁接需要在二年生枝部位上进行，且需用绿枝为接穗，此时砧木树皮虽易剥离，但当出现砧木与接穗粗度相近，无法采用绿枝插皮接的情况下，作为春季枝接未成活的补接，或需要降低嫁接部位高度时采用，系其他嫁接方法无法替代的。

1. 切砧木

在砧木的适宜位置切口，形式基本与嵌芽接相同，只是切削砧木的木质部的深度略深（图 3-201）。

2. 削接穗

接穗要求半木质化以上至木质化。接穗要求削面长、平，正面（大削面）长 3cm，背面削成长 0.5～0.7cm

图 3-201　切砧木

的一个短削面；自侧面观察，整个接穗光滑、顺畅
（图 3-202）。

图 3-202　接穗侧面

3. 接合

砧穗接合时，注意接穗的小削面要与砧木下端的切口
对齐，接穗与砧木一侧的形成层也要对齐（图 3-203）。

图 3-203　接合

4. 绑缚

用厚 0.006mm 的薄膜包扎，芽眼处只包扎一层，以利于芽眼萌发（图 3-204）。芽眼萌发后，若嫁接口以下有分枝或叶片的，可以直接平茬；若没有分枝或叶片的，应在嫁接口以上先折砧，待接穗新梢长至 20～30cm 后，再行平茬处理。

图 3-204　绑缚

（六）绿枝插皮腹接

该法系本书作者进行嫁接操作时发现的嫁接方法，应用在苹果、梨、李、杏等树种，效果很好。不仅可以作为春季枝接未成活的补接，而且对于名贵品种可以提高接穗的繁育率。

1. 切砧木

在砧木适当位置开"T"字形口，用刀轻轻拨开韧皮部（图 3-205）。

图 3-205　切砧木

2. 削接穗

绿枝接穗要求半木质化程度以上；削面要求长而平，正面（大削面）长 3～5cm，背面削成长 0.5～0.7cm，与轴线呈 30°的一个小削面；自侧面观察，整个接穗光滑、顺畅（图 3-206）。

3. 接合

将接穗正面（大削面）朝向木质部，小削面朝向韧皮

图 3-206　接穗侧面

部，沿竖切口轻轻插入，插到接穗的大削面完全与砧木的木质部结合平后，停止（图 3-207）。

图 3-207　接合

4. 绑缚

用厚 0.006mm 的薄膜全包扎，芽眼处只缠一层薄膜（图 3-208）；嫁接成活后芽眼自行突破。

图 3-208　绑缚

四十九、嫩梢嫁接

（一）嫩梢劈接

与绿枝劈接操作基本一致，但要注意以下几点。

1. 切砧木

砧木最好处在半木质化程度以下，越嫩越好，以能劈口、绑缚为准（图 3-209）。

2. 削接穗

削接穗时，要注意正面、背面、侧面的均衡，不能切削得过重。接穗削好后，一定要用厚 0.004mm 的薄膜全包扎（图 3-210），注意芽眼处只缠一层膜；薄膜超过这个厚度，芽不易突破薄膜；不包扎，嫩梢干枯，不能成活；包扎时，要使接穗不透水、不透气。

3. 接合

插入接穗时，要注意砧穗的形成层对齐（图 3-211）。

图 3-209　切砧木

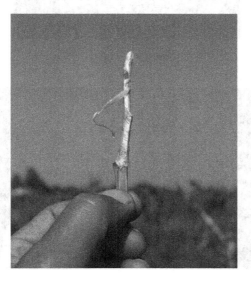

图 3-210　接穗处理

4. 绑缚

接口包扎一定要严密，不能露出伤口（图 3-212）。解绑日期为接穗萌发后 10～15 天，以砧、穗处没有产生绞

图 3-211　接合

图 3-212　绑缚

绱现象为准。

（二）嫩梢插皮腹接

该法系本书作者进行嫁接操作时发现的嫁接方法，应用在苹果、梨、李、杏等树种，效果很好。这种嫁接方法能更有效地利用名贵果树品种的接穗嫩梢（传统的嫁接方法，嫩梢一般都弃之不用）和砧木充足的营养条件，愈合快，萌发早，一般嫁接后 7～10 天萌发，长势旺；5 月上旬嫁接，6 月下旬即可采集接穗，属于高效繁殖名贵品种接穗的重要技术措施。

1. 切砧木

在砧木适当位置开"T"字形口，用刀轻轻拨开韧皮部（图 3-213）。

图 3-213　切砧木

2. 削接穗

削接穗时，要求削面长而平，大削面长 3～5cm，背面削成长 0.5～0.7cm，与轴线呈 30°的一个短削面；自侧面观察，整个接穗光滑、顺畅（图 3-214）。

3. 接合

将接穗大削面朝向木质部，小削面朝向韧皮部，沿竖切口轻轻插入，插到接穗的大削面完全与砧木的木质部结

图 3-214　接穗侧面

合后停止（图 3-215）。

图 3-215　接合

4. 绑缚

用厚 0.006mm 的薄膜全包扎，芽眼处只允许一层薄膜（图 3-216）。

图 3-216　绑缚

五十、扦 插 嫁 接

又称插接，胶东地区果农称为插棒接，就是嫁接和扦插同时进行的方法，对难以发根的砧木不能采用这种方法。

如大樱桃用一种易生根的单樱作砧木，冬季落叶后选取粗度为 0.5～0.8cm 的当年生枝条，剪成长度为 15～20cm 的插条，捆成捆后沙藏。将需要嫁接的大樱桃品种也在冬季修剪时剪取，成捆后沙藏。

春季地温达到 10℃ 以上时，将砧木插条取出，洗去沙土，晾干。用舌接的方法进行切砧木（图 3-217）和削接穗（图 3-218）。

嫁接时，砧穗的接合要牢固（图 3-219），接合处用日

图 3-217　切砧木

图 3-218　削接穗

本产自粘胶带绑缚（图 3-220），或接芽及嫁接口一层厚度为 0.008mm 以下的地膜包扎。厚度低于 0.006mm 的膜效果不好，扦插到大田后，易为风沙击碎，降低成活率。嫁接结束后，最好放在低温处沙藏 15～20 天左右，再进行大田扦插，这样可以明显提高成活率。

大樱桃品种

樱砧干

图 3-219 接合

图 3-220 绑缚

第四章　嫁接后的管理

一、检查成活及补接

嫁接后 15 天检查，对没有成活的骨干枝顶端要锯掉一段，用插皮接补接；其他部位可用插皮腹接，或将萌蘖保留 1～2 个，5 月下旬至 7 月上旬用芽接法补接。

二、平　　茬

在接芽以上 0.5cm 处剪砧，剪口要平滑。平茬后应及时进行抹除萌蘖，要反复进行 3～4 次，但是要保护好接口下老叶，直至砧木无萌蘖可发，以利于接芽的生长。在苗木较密的情况下，也可以在嫁接后的第 2～3 天，在嫁接口以上 2～3cm 处进行第一次平茬，嫁接 15 天以后再进行第二次平茬，并解绑，以避免由于苗木过密而造成光照不良，引起早期落叶。

苗木当年平茬有以下三种方法。

1. 不保留基部叶片

嫁接时尽量靠近地面，一般在距地 5～8cm 处嫁接，操作时不必顾忌基部叶片；嫁接结束后立即折砧（图 4-1），当接芽萌发长至 30～40cm 后，再将砧木在嫁接口以上 0.5cm 处平茬。

图 4-1　折砧处理

2. 保留基部叶片

嫁接时尽量远离抬高嫁接部位，一般在距地 25～30cm 处嫁接，操作时尽量保留基部叶片（图 4-2）；当嫁接 15 天后，再将砧木在嫁接口以上 0.5cm 处平茬。

图 4-2　保留基部叶片

3. 二次平茬

核桃等在芽接结束后，在接芽以上留 2～3 个叶片进行第一次平茬，并及时抹除接口以上砧木的萌芽；当接芽长至 15～20cm 后，再在接口以上进行第二次平茬。

三、解　　绑

　　夏季芽接的植株在芽接后 15 天进行检查，成活株接芽鲜活，包扎时露有叶柄的叶炳一触即落，全包扎的要求接芽周边已经形成愈伤组织，这样的植株应及时解绑；若用 0.008mm 厚度以下地膜包扎的，无需解绑，平茬后芽眼会自行突破。春季枝接的植株应在 6 月上旬用小刀划破塑料膜，以免嫁接处形成绞缢，被风折断。

四、除　　萌

　　嫁接成活萌发后，要及时抹除砧木萌芽，集中养分以利于接穗品种加快生长。实践表明，高接大树后抹芽，由于芽基没有剔除，抹芽后芽基继续萌发，其效果不如挖芽。挖芽就是用带尖的小刀将芽基从根部挖除，这样可以减少以后 2～3 次的抹芽用工。

五、破　　膜

　　高接大树，由于枝条较粗，绑缚时芽眼处可能缠绕的道数过多，芽眼不能自行突破。在这种情况下，要在芽眼萌动后用小刀将薄膜破开，开口处要用湿土或湿锯末保湿，防止愈伤组织被风干。

六、立 支 柱

高接大树的接芽萌发后，新梢长至 40cm 左右时，要及时架设支柱，防止高接新梢被风折断。

七、肥 水 管 理

夏季嫁接平茬后应及时浇水，并按每 666.7m² 施氮磷钾三元复合肥 50kg、尿素 15kg 或高氮高钾冲施肥 10kg。后期采用叶面喷肥，用氨基酸微肥 600 倍或光合微肥 500 倍、磷酸二氢钾 0.3％、尿素 0.2％液喷布。

参 考 文 献

［1］ 王昌荣．树木嫁接．长沙：湖南科学技术出版社，1979.

［2］ 李继华．嫁接的原理与应用．上海：上海科学技术出版社，1980.

［3］ ［日］町田英夫等．花木嫁接技术．北京：农业出版社，1986.

［4］ 高新一等．果树嫁接图说．北京：中国林业出版社，1995.

［5］ 马宝焜等．果树嫁接16法彩图详解．北京：中国农业出版社，2003.

［6］ 孙岩等．果树嫁接新技术图谱．济南：山东科学技术出版社，2003.

［7］ 于新刚．梨新品种实用栽培技术．北京：中国农业出版社，2005.

［8］ 于新刚．黄金梨栽培技术问答．北京：金盾出版社，2007.

［9］ 高新一等．林木嫁接技术图解．北京：金盾出版社，2009.

［10］ 高新一．果树嫁接新技术．第二版．北京：金盾出版社，2009.

［11］ 郝艳宾等．核桃．北京：北京科学技术出版社，2009.

［12］ 陈海江等．果树苗木繁育．北京：金盾出版社，2010.

［13］ 于新刚．梨树简化省工栽培技术．北京：化学工业出版社，2014.

欢迎选购化工版种植类科技图书

ISBN	书　　名	定价/元
9787122193629	核桃病虫害防治彩色图说	28
9787122208644	大樱桃实用生产技术	19
9787122199010	图说设施甜樱桃优质标准化栽培技术	18
9787122186232	图说设施葡萄标准化栽培技术	19
9787122173010	图说板栗优质高产栽培	19
9787122112125	果树嫁接新技术	15
9787122154996	梨树四季修剪图解	18
9787122170743	枣树整形修剪与优质丰产栽培	19
9787122169303	苹果树简化省工栽培技术	18
9787122204455	梨树简化省工栽培技术	25
9787122155719	优质苹果生产关键技术问答	18
9787122185068	梨树高效生产技术问答	19
9787122189271	枣树高效生产技术问答	19
9787122214799	蔬菜科学施肥技术问答	25
9787122217677	生姜高效生产实用技术	15
9787122198235	有机蔬菜栽培实用技术	29.8
9787122179234	有机草莓栽培实用技术	18
9787122173713	有机苹果栽培实用技术	15
9787122159205	家庭蔬菜无土栽培技术	18
9787122213518	西瓜特色化栽培技术	18
9787122226341	农业专家大讲堂系列——小麦优质高产栽培一本通	29
9787122218933	农业专家大讲堂系列——玉米优质高产栽培一本通	19
9787122154927	农业专家大讲堂系列——稀特绿叶蔬菜栽培一本通	18
9787122164001	农业专家大讲堂系列——北方小杂粮高产栽培及贮藏加工	20
9787122162717	农业专家大讲堂系列——北方常见果树优质高产栽培一本通	22

ISBN	书　　名	定价/元
9787122162700	农业专家大讲堂系列——南方常见果树优质高产栽培一本通	20
9787122168672	农业专家大讲堂系列——葡萄安全高效栽培与保鲜储运一本通	23
9787122203298	农业专家大讲堂系列——番茄高效栽培与储运加工一本通	25
9787122168665	农业专家大讲堂系列——大棚温室黄瓜南瓜高产栽培一本通	23
9787122161260	农业专家大讲堂系列——马铃薯高效栽培与储运加工一本通	18
9787122159748	农业专家大讲堂系列——韭菜葱蒜类蔬菜高效栽培与储运加工一本通	23
9787122146854	农业专家大讲堂系列——大棚温室特种蔬菜高产栽培一本通	29.8
9787122217523	水肥一体化实用新技术	29.8
9787122232816	北方常见山野菜鉴别、应用与栽培	28
9787122178794	200种常用园林苗木丰产栽培技术	29.8
9787122175274	果蔬贮藏及物流保鲜实用技术	28
9787122206763	名贵药用真菌栽培技术问答	29
9787122161642	香菇实用栽培模式图解	25
9787122197535	大豆种植技术问答	19.8
9787122196507	油葵 NH2202 品种与油葵栽培技术	15

更多图书信息，请登录网上书店查询：www.cip.com.cn。

投稿邮箱：cipzh@163.com

投稿咨询：1259157433（QQ）